智慧城市译丛
SMART CITIES

让城市更智慧
——设计×交互×城市×应用

Making Cities Smarter
Designing × Interactive × Urban × Applications

[澳] 马丁·托米奇（Martin Tomitsch）　著
褚旭琳　[美]宋　彦　译

中国建筑工业出版社

著作权合同登记图字：01–2022–4891 号

图书在版编目（CIP）数据

让城市更智慧：设计 × 交互 × 城市 × 应用 /（澳）
马丁·托米奇（Martin Tomitsch）著；褚旭琳，（美）
宋彦译 .—北京：中国建筑工业出版社，2022.11
（智慧城市译丛）
　书名原文：Making Cities Smarter Designing ×
Interactive × Urban × Applications
　ISBN 978-7-112-27475-8

　Ⅰ.①让…　Ⅱ.①马…②褚…③宋…　Ⅲ.①移动终
端—应用程序—应用—现代化城市—城市规划—建筑设计
—研究　Ⅳ.①TU984-39

中国版本图书馆 CIP 数据核字（2022）第 097221 号

责任编辑：李成成　李　婧　段　宁
责任校对：张惠雯

智慧城市译丛
SMART CITIES

让城市更智慧——设计 × 交互 × 城市 × 应用
Making Cities Smarter——Designing × Interactive × Urban × Applications
[澳] 马丁·托米奇（Martin Tomitsch）　著
　　　褚旭琳　[美] 宋　彦　译
＊
中国建筑工业出版社出版、发行（北京海淀三里河路 9 号）
各地新华书店、建筑书店经销
北京雅盈中佳图文设计公司制版
北京中科印刷有限公司印刷
＊
开本：787 毫米 ×1092 毫米　1/16　印张：12¼　字数：240 千字
2022 年 9 月第一版　2022 年 9 月第一次印刷
定价：60.00 元
ISBN 978-7-112-27475-8
　　　（39034）

序

丹·希尔（Dan Hill）

  城市存在的意义是它生活在其中的居民。我们建设城市不仅仅为了建造楼房和基础设施，更是为了共同创造财富和文化，以及完成人类繁衍的使命。毕竟，人是社会性动物。我们创造城市的目的是为了让城市居民共处、生活、工作、娱乐、创造、探讨和分享。建筑、交通和基础设施的建设只是城市发展的推动因素，而不是主导因素，它们仅仅是人类和城市文化发展过程中的副产品。

  然而让人惊讶的是，我们常常忘记这一主次关系。智慧城市主要关注间接成果、推动因素，以及最重要的动机——效率。然而，如果以城市居民为中心探究城市存在的主要因素，我们发现生活比效率重要得多。事实上，许多主要的推动因素本质上都无足轻重，或者至少与整个效率观念相悖，人们无论是相爱，组建乐队，创业，还是在公园踢足球，为朋友做饭，等等，这些都与"高效"不相关，但效率可以成为推动因素。高效率并不是目标，但是我们必须要问一个问题，城市是否能够兼顾"智能"与"低效率"。这是一个基本问题，但智慧城市倡导者通常不会这样考虑。

  我们可能会认为，通过智能化基础设施可以使公民作出明智的决策，如果能够做好这件事，这当然是正确的，前提是存在这个"如果"。

  基础设施的作用非常有限——基础设施可能可以揭示资源的使用规律，但不能给我们提供有关城市初衷的更丰富的信息。这些信息应该是定性的，而不是定量的、不可循的、主观的。因此，这不是一个简单的"使不可见的可见"的过程。如果我们做出各种决策的目的是让城市更公平、更可持续、更韧性，那么，仅仅使用数据是不够的。我们可以通过更简便的方式，尝试改变不同的东西，从而使社会影响和网络效应得到更好的反馈。

  首先，积极学习。例如，使用自动咖啡贩售机购买咖啡，或使用共享单车，通过不断尝试新想法逐渐扩大社会影响力。随着更多人的参与，反过来又刺激进一步的社会活动。这样看来，大量的社会活动远比大数据有价值，尽管很多人说大数据开辟了新思路，这并不是一个适宜的类比。

其次，采用替代方案。替代方案是使用传统的智慧城市视觉传达数据，而不是参与活动。但是，替代方案不符合技术专家的观点。技术专家认为，如果在"云端"拥有足够的数据，那么我们会详细了解这个城市，就像我们可以用引擎或者带有控制室的核电站一样，通过过程技术来进行控制。

城市的复杂性以及蕴藏的巨大力量是它起作用的原因。城市不断诱导推进事物发展，可以说人的故事基本上就是城市的故事。这也慢慢揭示出一个事实，人类选择城市的历史已超过两万年。从这个层面来讲，城市控制中心的前提和期望都是有缺陷的，就像我们无法通过在六月炎夏的下午漫步城市街头了解城市，同样无法通过这些数据了解城市。学者更关注于数据的研究，认为通过量化的数据能更好地理解城市、管理城市，由此产生了一系列城市运营的未解之谜。

部分原因是对隐私的担忧，也有一些原因是对人类发展复杂程度的不适用。智慧城市更倾向于感知实物和设施，而不是人和文化。虽然后台的基础设施监控可以理解，但它是否在不经意中产生了一种不那么以人为本的城市治理方式？毕竟，管理范围内的监控和测量，恰恰是我们最不需要的。

当然，这并不是说我们不应该使用这些新工具来管理基础设施，只是我们需要在理解和参与新的生活方式方面做出与此同等程度的努力，不仅体现在运动模式或资源模式方面，还有城市文化和人。

然而不论批评与否，似乎只有一种真正的方法可以用于可持续发展结果的平衡，那就是尝试。但"尝试它"意味着我们要考虑以用户为中心的平台的迭代原型设计，以此作为能够扩展的本地实验，并由了解网络和城市的设计师、编码员和产品经理来制作，我们是否将合适的人才安排在了恰当的位置，并采取了正确的方法？我们不得而知。

令人失望的是，大多数市政官员完全不知道如何做到这一点，只有少数例外。他们的文化、运作方式、态度、行为和技术方法，都跟这个时代不同。因此，我们看到这些被称为"IT时代"的系统集成商，通过专门为参与者设计的过时的采购文化，无情地利用了这个现实条件。

IT曾经是一种服务，类似于餐饮业或者邮政业。如今它几乎成了一切活动的核心，逐渐成为政府与公民关系的媒介。市政部门希望利用系统和文化的优势，而不是由系统集成商整合在一起的外包，它们完全不同于传统的IT业。Facebook、Twitter、Google、Amazon、Uber、Airbnb等企业进行自主设计研发、编码维护以及反馈支持，这些都不是外包业务，独立拥有并运营系统至少是他们的战略布局。

另外，除了新的城市硬件和软件之外，对于参与其中的公民与政府来说，在智慧城市发展滞后的情况下，公民和面向公民的服务却可能不断向前发展。只要不考虑飞速发展的科技因素，通过引入媒介，在公共部门的工作方式中引入真正的功效和活力，可以大幅度降低政府成本，同时增加积极影响，重建有意义的公民接口。英国政府的数字服务尽管缺乏对城市的关注，但仍是一个很好的例子。

根据上面描述的这些新兴模式，我们可以看到一幅积极参与的政府和积极参与的公民构成的价值草图。为了释放城市中的技术潜力，我们必须探索比 IT 公司和房地产开发商提供的更广泛的参考框架。在这种框架中，既得利益和路径依赖性的混杂只能给我们带来潜在的破坏，以及具有讽刺意味的甚至是过时的想法。值得注意的是，对于 50 年前围绕技术浪潮（例如私家车）所犯的错误，我们今天仍然在付出代价，这种错误不能再重复。

我们需要提供各种选择，充分认识到城市作为人类文化多样性和活力的最强表现形式，有着未来发展的不可预测性和某些方面的低效性。城市本身就是对稳定系统的一种抵制，并且拒绝接受"自然平衡"，但仍然可以由基于其不完整性、开放性和可能性的共同治理文化来引导和塑造。这是一个过程，而不是基础设施的堆叠。

智慧城市的核心是否在于智慧的公民？我们的治理文化和工具是否能真正对应网络可以带来的发展可能？我们是否能够明确这些概念：主导因素和推动因素，不可预测性和低效率，原型设计和转型，个人和公民责任，公民和政府有意义的活动，城市代表着公共利益——而这些都是智慧城市愿景的组成部分。

以上内容都是推动城市良好运转、形成真正有韧性的城市的影响因素。

前　言

　　也许是因为成长于奥地利山区的一个偏远农场，我一直对研究城市非常着迷。城市的规模和人口密度让人难以置信，来自各种背景和文化的人积累创造了一种无法言语的特殊氛围。我利用一切机会探访不同的城市，并且曾经有幸在世界各地的城市生活和工作。在维也纳技术大学完成信息学硕士学位期间，我开始对交互式应用程序的设计感兴趣。2002年春天，在斯德哥尔摩作为皇家理工学院的交换生进行交流时，我第一次接触到通过设计为人们开发技术体系的概念。2003年，在巴黎南部大学攻读硕士学位时，由于设计研究学的吸引，我在国际知名的互动实验室用了6个月时间研究桌面计算机应用程序的设计，这项研究使我专注于将计算机移动到办公桌和建筑环境中的应用程序的开发，并找到了实践的机会。

　　其他人认为，城市是关于人的。而我感兴趣的是城市中的互动应用、通过新技术实现的无限可能，以及对人类生活产生真正影响的前景。交互式城市应用程序的设计将整个城市作为画布，它不限于计算机屏幕的矩形框架，而是需要响应建筑环境的物理结构，同时考虑用户和非用户，这点与传统的交互式应用程序不同。

　　从动笔写这本书到现在将近三年，但是研究本书中描述的概念、方法和技术却用了十多年时间。我清楚地记得，走在维也纳的街道上，我用第一台配备相机的手机拍摄行人过街按钮的照片。我对基于技术型应用程序的设计感兴趣，目的是为城市中的人们创造比技术本身更好的体验。设计研究人员多年来的工作，从设计交互式媒体立面到未来的公交车站原型，为这本书提供了有效支撑。

　　然而，当我获悉悉尼中央商务区的悲惨事故时，产生了完成这本书的想法。2014年1月29日，一名女子被一辆转弯的公共汽车撞倒，她被困在车下两个小时，最后在医院死亡。经调查得知，当时公交车司机并未将精力放在控制汽车上，而是在对另一辆公交司机挥手。可悲的是，这只是全球每年在道路上丧生的27万名行人中的一个例子。如果利用当今的传感技术，是否能够实现向女性行人或司机，或向两者发出关于即将发生事故的警告？如果我们可以设计城市应用程序，就可以预防此类事故。在本书第 03 章中，展开叙述了这一想法。

整本书中的研究用来说明概念、方法和技术，其中大部分是在悉尼大学进行的，许多商业应用的例子也来自澳大利亚。这些研究与对全球智慧城市的举措和互动城市应用实例的讨论互相支撑，同时还借鉴了我在会议上与领先从业者的十年对话，对话的对象来自行业资助的项目。

近年来，许多伟大的著作都是关于新兴智慧城市概念的前景以及诸如开放数据和物联网的风险。本书的不同之处在于，它汇集了我迄今为止的所有研究，并通过引入设计交互式城市应用的模型提供了一种实用的方法，它是一本关于通过设计让城市变得更智能的书。该模型遵循设计的意识形态，鼓励推测和构想一个可能，而不是批判世界。

本书适合对设计、技术和城市感兴趣的任何人。它为那些寻求灵感的人提供了互动城市应用的例子；为那些积极寻求解决方案的人提供了实现想法的技术手段；为确保未来城市保持宜居环境，它提供了管理、部署和启动交互式城市应用的策略。

感谢的话

许多人为使本书成为可能作出了贡献，无论是通过合作书中的项目，还是提供有关我的工作的反馈，以及激发书中的想法和思路。

特别想强调我过去和现在所带的研究生们在悉尼大学设计实验室对这本书作出的贡献。Solstice LAMP 项目分为几个部分，卢克·赫斯潘霍（Luke Hespanhol）是首席研究员，负责直觉交互部分的工作；乔尔·弗雷德里克斯（Joel Fredericks）主要致力于研究社区参与的价值及其与智慧城市战略的一致性；卡勒姆·帕克（Callum Parker）开展了多项公示研究；我们对这些研究及其影响的许多讨论已经写入书中。由史蒂文·巴伊（Steven Bai）领导的 TetraBIN 项目，贯穿于整本书，是我所研究过的最成功的案例，屡获殊荣。史蒂文目前在纽约，致力于将该项目开发成适用于市场的产品。

有幸合作的关键人物中，安德鲁·范德莫尔（Andrew Vande Moere）是我在悉尼大学时早期的主管和导师；丹·希尔，他写的序言奠定了整本书的基调；我的长期合作者——M. 汉克·霍伊斯勒（M. Hank Haeusler）和马库斯·福思（Marcus Foth）；莫妮卡·霍林克斯（Monika Hoinkis），很遗憾英年早逝；还有来自世界各地的许多其他学者，他们的思想对本书产生了深远的影响。

很荣幸与建筑和城市规划学科的研究人员在同一所学校共事，这些学科为人们设计环境提供了认知基础，本书中的许多概念都建立在与建筑和城市规划学者的对话之上，感谢现在和以前所有机构的同事们多年来对我的支持与鼓励。

感谢让这本书成为可能的团队，感谢才华横溢的平面设计师雷切尔·蒙哥马利（Rachel Montgomery），提供参考资料的研究助理乔利·珀尔·戈梅（Jolly Pearl Gomez），来自 Urban Edits 的克里森·哈马尔（Christen Jamar）彻底和细致的编辑和校对，以及编辑安雅·比普斯（Anja Bippus），提供了塑造本书的关键意见。

同时由衷地感谢我的太太凯特（Kate）以及我们的孩子奥利芙（Olive）、波普皮（Poppy）、基克（Kick），感谢他们在我撰写这本书的很多个周末以及从瑞士洛桑到澳大利亚北部度假过程中给予的极大的支持。

马丁·托米奇

写于 2017 年 10 月

目　录

02 / 理解城市经验

03 / 设计数字体验

04 / 城市 App 原型

05
部署城市应用程序

06
尾声：未来之路

01

导言:
智慧城市和城市
App 简介

智慧城市和智慧居民

近年来有很多关于智慧城市的文章。智慧城市，作为在城市中推广使用新信息技术的总称，在学术界、工业界和主流媒体中引起了相当大的关注。世界各地的政府部门都很推崇智慧城市。智慧城市旨在提倡技术进步和可持续的生活方式，以及改善城市环境中人们的生活质量。智慧城市愿景传递了对技术创新的积极态度，所以很容易理解人为什么倾向于在智慧城市中生活，毕竟，谁想生活在一个落后的城市？[1] "智慧"意味着前瞻性思维，它还与创新技术的使用相关联，例如高速网络和先进的传感器。与"聪明的事物"[2]一样，隐含的新技术使得"智慧"这个概念更具有推广优势。

因此，对于IBM和思科等信息技术（IT）公司正在以"智慧城市"主题向政府推销其系统，我们并不感到奇怪。[3]他们提供的解决方案"帮助各种规模的城市确定优先事项，应用最佳实践，并部署先进技术，以帮助应对紧迫的挑战"。[4]智慧城市解决方案的这些好处对政府来说非常有吸引力，这是可以理解的，因为政府部门正面临着大规模的城市化和人口增长所带来的前所未有的挑战（图1）。这些解决方案不仅可以应对当前的问题，还可以通过提高现有的基础设施（如公路和铁路网络，垃圾收集，能源供应链等）来最大限度地应对未来的城市挑战。

新兴机会

在智慧城市概念出现之前，就有许多专业研究人员制定了建设更宜居城市的策略。将城市设计为未来人类栖息地的想法并不新鲜。建筑、城市设计和城市规划领域都回归到了传统方式——概念化规划、设计以及组装城市和建筑构件。而新兴的城市基础设施及其数字化，需要一个既了解城市设计又理解数字体验的新职业。这个新职业的基础是了解人们及其需求的能力，从而使得这些新体验最终被公民使用。

图 1　城市面临前所未有的人口增长问题，导致现有基础设施的压力不断增加，面临新挑战

　　工业化和现在所谓的第二次工业革命改变了城市建设的方式，同样改变了人们在城市中生活和工作的方式。它使我们能够在更短的时间内建造更高的摩天大楼，并以更有效的方式节约资源，同时能够使用汽车和其他机动交通工具远距离行驶。这种趋势持续到第三次工业革命，先进的 IT 系统使得设计完成更复杂的建筑和基础设施成为可能。同样，智慧城市的最初概念也源于第三次工业革命，先进的电子设备伴随着新的传感器和网络技术的发展。当步入第四次工业革命的风口浪尖时，数字系统开始融入我们的日常生活。智能传感器、数字制造技术和人工智能的日益普及正在改变着我们日常生活的结构。这些新的网络物理系统不仅可能会带来诸如在城市漫游的自动驾驶汽车这种现象，还会创建尚未被探索的虚拟空间。现实增强型应用程序，如极受欢迎的移动游戏 Pokémon GO，已经出现了与城市中新技术的使用相关的问题，例如所有权和隐私。[5]

　　在围绕技术进步的所有炒作中，人们很容易忘记通过技术进步实现的民主化效应。技术变得越来越便宜，而且越来越容易获得。城市艺术家和艺术团体已经

图2 扩音器是加拿大蒙特利尔的临时艺术装置，采用先进的传感和显示技术将建筑物外立面转变为反映在建筑物前面的社区对话平台（图片来源：Moment Factory Studio, Inc.）

利用新兴技术探索出将人们与城市联系起来的新方式，诞生了"数字场所制作"的新运动。[6]例如，加拿大蒙特利尔的临时扩音器干预，慢慢成为参与式智慧城市前期的主角（图2）。因此，未来城市的数字体验设计不再局限于大型IT公司。世界各国政府越来越多地认识到这种转变，并为公民提供机会，使他们能够对城市的数字层进行编码（例如通过临时艺术干预向设计研发人员提供政府数据）。

城市数据和智慧城市界面

智慧城市解决方案的前提之一是能够通过先进的传感网络实时收集数据，并且进行进一步处理。早期的举措往往过于集中收集数据，这并不是智慧城市解决方案的目的。全球都在围绕大数据运动进行大肆宣传，但均未合理计划如何在日常情景中使用。数据只有在可供人们使用并采取行动时，才会变得有用。

通常追求的简单快捷方式可以通过仪表板可视化数据来实现。如果能够将使用环境和用户有效衔接，仪表板可以提供恰当的解决方案。例如，控制中心的仪表板，显示交通、公共交通网络、电力使用等数据。这些数据流汇集在一起并显示在大型数字屏幕上，以便分析并为决策提供信息。例如，巴西里约热内卢的市政府办公厅，收集了来自 30 个不同政府机构的数据，以实时监控城市生活，每天进行全天候的数据汇总[7]，范围从交通到城市的社交氛围，再到天气状况，它在巨大的控制界面上实现了可视化。

一些城市还为公民提供在线城市仪表板，以访问通过智慧城市系统收集的一些数据流。例如，伦敦的城市仪表板，提供有关天气状况、空气污染、共用自行车可用性、电力消耗、主要道路和交叉口的实时反馈，甚至城市"情绪"评估的实时信息（图 3）。

在线城市仪表板是解决集成城市数据相关技术和政治挑战的重要一步。通过浏览器提供的信息将数据分离，需要有关网站的知识、访问网站的动机，以及数据如何才能对人们有意义的解释。但是，在线城市仪表板是未来的关键原型解决方案，所有这些数据都可以在适当的时间和适当的位置提供给人们。

像里约热内卢这样的集中式实时控制和数据分析中心很有可能实现经济的可持续发展和增长，在大规模城市化和城市化对城市基础设施的压力不断加剧的情况下，这一愿景听起来确实具有吸引力并且迫在眉睫。人口不断增长引发的城市及其基础设施供给已经难以负荷。例如，在圣保罗等主要城市，私家车拥有量以每天一千辆的速度上升。[8]

图 3 伦敦城市仪表板：从空气污染到城市"情绪"的可视化城市数据

（截屏图片来自：http://citydashboard.org/london/）

正如爱尔兰国立梅努斯大学国家地区与空间分析研究所的教授罗布·基钦（Rob Kitchin）及其同事提出的那样，仪表板界面能够提供城市的详细数据，从而可以对社会空间、经济和环境过程进行纵向研究。然而，城市拥有不同的历史和地理背景，要实现不同的目标和追求。[9] 它是凌乱而复杂的系统，而仪表板界面呈现的城市，是"清理、分解、留下的必要部分"[10]。

尽管智慧城市的数据中心（也被描述为"盒子中的智慧城市"解决方案）[11] 可以提供有前瞻性的机会，使城市更宜居，但他们已经收到了一些负面评价，主要与自上而下的实施方法有关。[12] 所有的书籍都在讨论这个问题，如安东尼·汤森（Anthony Townsend）的《智慧城市：大数据、公民黑客、找寻新的乌托邦》[13]，亚当·格林菲尔德（Adam Greenfield）的《对阵智慧城市》[14]，以及德鲁·海门特（Drew Hemment）和安东尼·汤森的《智慧居民》[15]。这些出版物的共同论点是，当前自上而下的智慧城市解决方案未能考虑到当地城市的复杂性和公民的需求。

基钦对目前的智慧城市解决方案提出了三个担忧，即技术专家政府化、城市政府"公司化"以及城市全景化。他观察到智慧城市的提案过于坐井观天，事实上，完全由大型 IT 和服务公司大力推广，而通过公司系统处理中央数据库中记录生活所有方面的数据也存在风险。大型 IT 公司提供的智慧城市解决方案的问题在于，将来整个城市面临被锁定在一个操作系统中的风险，并使城市的基本服务运营依赖于单一的供应商。

一种适用于所有问题的解决方法

从用户体验的角度来看，智慧城市解决方案面临的困境是，它们是一个预先开发的系统。在某些情况下，可以实现一定程度上适应客户规模和需求的定制。例如，IBM 的智慧城市解决方案承诺"城市领导者可以从他们选择的物质或社会基础设施的任何方面着手，并实现任何规模和任何级别的定制解决方案"[16]。

然而，城市的环境是复杂和不断变化的，甚至是相互矛盾的，从而构成了所谓的棘手问题 "wicked problems"。[17] 由于其复杂的依赖性，城市面临的许多挑战没有解决的捷径，第一眼看起来似乎能提供补救措施的方法可能会引发其他问题。在 IT 行业和城市规划中，长期以来使用的传统方法是循序渐进的定义问题、分析问题和解决问题，但是不太可能解决棘手问题。对于城市的任何疑难杂症，在许多可能的解决方案中识别出正确的，这涉及一个复杂的过程。基于以上原因，棘手问题的解决办法不容易被复制。这意味着在一个城市适用的智慧城市解决方案模式对另一个城市来说不一定适合。

对于任何在大型组织中担任过用户体验设计师的人，或者担任过软件解决方案的用户，这听起来都似乎是一个熟悉的场景。在银行、大学等大型组织，通常支付巨额资金购买软件解决内部互联问题，被称为内网软件。这些组织信息封闭，因为坚持最初的投资，而支付无穷尽的更新费用。在极端情况下，随着时间的推移，投资可能会超过最初构建的、以客户为中心的定制解决方案的成本。更糟糕的是，这些系统最初并不是特别有用，修复因为黑客入侵而破坏系统用户体验的行为普遍存在。

技术驱动的解决方案

自上而下的智慧城市解决方案的另一个固有问题是，它们本质上由技术驱动。IT 公司正在以一整套技术的形式销售他们的解决方案。这种思维方式甚至体现在宣传材料中，比如 IBM 公司早期的智慧城市宣传视频，将市民描绘成看不清脸孔的身影。[18]

事实上智慧城市解决方案供应商正在为他们的购买者——通常是城市政府，优化他们的营销策略，这是以技术为中心的方法的主要驱动因素。许多城市政府急需解决方案来帮助他们应对城市面临的不断增长的挑战。因此，智慧城市的宣传材料将城市领导人作为他们的客户，并强调他们的解决方案对经济增长等的好处。考虑到全球的城市数量，智慧城市市场听起来肯定是一项有利可图的业务，而对 IT 软件供应商来说，这种新趋势似乎是自个人电脑兴起以来最重要的事情。

> "我们太专注于科技，而不太注重基本原理"。
> ——萨姆·皮特罗达（Sam Pitroda），全球知识组织的创始人 [19]

如果这个领域里，大型 IT 公司的解决方案很畅销，他们不太可能改变其观点和方式。政府已经开始意识到，除了"盒子里的智慧城市"（smart city-in-box）的方法之外，还有利用智慧技术的机会。要在所有城市和政府中推广解决方案，即使不是不可能，也非常困难。政府（和他们的下属机构）通常都将自己视为自上而下的服务提供商，他们的重点是业务，而不是他们的公民（他们服务的用户）。相当于让他们从构建象牙塔的角度来优化服务，比如铁路工程师曾经说的一个笑话，如果不是那些"讨厌的乘客扰乱他们的系统"，火车服务就会很好。[20]

面向智慧公民

近年来，政府机构引入客户服务部门，从以运营为中心向以客户为中心转变。

在许多情况下，这种以客户为中心的做法仍然主要关注最终体验、相互沟通和客户投诉。将以客户为中心（或者更确切地说以公民为中心）的设计思维引入城市基础设施服务的所有部门非常有必要。事实上，许多用户体验设计的倡导者认为，组织不应该有专门的部门或团队，而应该致力于使每个部门和团队的用户体验集中起来——这一方法也可以用于政府组织。

该领域学者认为，要成功地、可持续地应对城市面临的挑战，关键是帮助城市居民做出更明智的选择，赋予他们权力。这就产生了一系列需要做出的解释，有些建议政府把智慧城市控制中心的实时数据交给市民。[21] 市民可以利用这些数据自己做决定，而不是依靠政府分析数据为他们做决定。

最终，智慧公民依赖于工具的使用，这就是人类得以进化并超越地球上其他物种的原因。然而，随着时间的推移，工具变得越来越复杂——在当今的城市环境中，要想生存，就需要一把打火石的斧子。

工具让公民生活得更加智慧，不只是在城市中生存，还能享受生活，这就是本书所称的交互式城市应用程序，即"城市 App"。

为了让城市变得更智慧，我们需要设计出更好的工具，让所有人都能对城市的生活和工作方式做出更明智的选择。

"……真正的挑战在于：让产品真正在城市中发挥作用。"

——丹·希尔，奥鲁普（Arup）公司副董事[22]

定义城市 App

虽然已经有很多关于智慧城市的文章，但是很少有文献讨论以公民为中心的智慧城市解决方案的用户体验设计。[①] 本书旨在通过介绍在城市环境中部署的交互式应用程序的设计来填补这一空白。然而，本书并没有专注于智慧城市解决方案，而是使用了城市 App 的概念。这是一个本质的区别，因为城市 App 将用户（市民）置于聚光灯下，而不是关注政府和其他公共城市实体。当我们谈论城市 App 时，这些实体仍然扮演着重要的角色，这将在 02 章中讨论。城市 App 设计不仅应考虑到公民，同时要打破当前由大型 IT 公司开发的智慧城市解决方案的模式。城市 App 可以采用人们在城市环境的公共空间中使用的任何形式的数字界面。城市 App 的例子包括数字信息屏幕、数字标识和在城市屏幕或媒体立面上运行的应用程序。甚至那些用于城市公共空间的智慧手机应用程序也可被认为是城市 App，比如用于寻找停车位或接收公共交通服务信息的应用程序。然而，在进一步了解城市 App 之前，有必要先了解一下它的发展历程。

城市作为操作系统

智慧城市解决方案的销售方式通常很像一个由传感器和 IT 基础设施组成的专有操作系统，本质上却将政府锁定在一个供应商中。城市 App 把城市作为操作系统来构建，在这里，"操作系统"一词的使用要比它在台式电脑和智能手机环境中的使用更为概念化。这是因为城市提供基础设施，而城市 App 构建在基础设施之上，同时还提供了预先存在的输入和输出机制。输入类型包括城市活动（如交通或行人流量）和环境条件（如空气质量、温度、光线等）。输出形式包括诸如街道或建

---

① 人机交互（HCI）的学术领域有一个非常活跃的社区，用于发表关于城市空间中人机交互技术方面的研究。HCI 整个会议都围绕着这一领域的分类，比如 Pervasive Displays 国际会议和作为威尼斯双年展的一部分媒体建筑会议。本书引用了这一系列的主题，并讨论与之相关的学术文章的研究结果。

筑立面以及城市设施，如长椅、路灯等城市风貌表层设施。

城市作为操作系统是无结构的，没有明确的应用程序编程接口（API）。但从概念上来说，这个比喻更强调公民的重要性，不仅作为用户，更是城市 App 的供应商。2008 年，苹果公司通过为他们的移动操作系统提供 API，让任何拥有适当工具和技能的人都有可能开发出一款应用程序，通过苹果手机的应用程序商店，数以百万计的用户可以立即使用该应用程序。提供 API 彻底改变了手机行业，因为它让智能手机成为一个平台，同时也提供了一个分销渠道。

同样，任何拥有工具和技能的人都可以构建城市 App。事实上，从书中给出的例子可以看出，城市 App 背后的实体并不限于政府机构和公司，也包括个人——初创企业或小型到中型办公室的设计师、艺术家、艺术家集体、社会活动人士和学术研究人员。有些尝试甚至试图让市民通过城市数据的开放建立自己的城市 App。

数据驱动的政府解决方案

互联网的兴起为城市的管理和运营带来了创新的机会。"数字城市"一词用来描述城市建设和管理中涉及数字元素的任何方面。例如，在 2010 年的一份媒体声明中，悉尼的一个郊区被认为是澳大利亚第一个数字城市。该声明列举了数字城市的策略，诸如公共免费无线网路，用于停车和其他市政服务的应用程序。尽管免费公共无线局域网仍被誉为智慧城市总体规划的创新，但通过提供开放数据和无线局域网作为基础设施，这一举措更有希望使解决方案成为可能。对于城市来说，这是一个重要的转变，数据不仅可以收集，还能够以标准化的格式向开发人员和设计师开放。各国政府都在加入开放数据运动，发布对城市数据的访问——从实时交通数据到垃圾收集计划。这项运动是智慧城市控制中心数据并向市民开放的重要的第一步。

世界各地越来越多的城市，比如芝加哥，不再尝试自己创建应用程序，而是鼓励社区决定如何使用这些数据并开发自己的应用程序。芝加哥市甚至通过数字倡议平台推广新兴的市民数据应用程序。这一举措不仅承认了市民的创造力，市民可以利用数据解决社区中观察到的问题，而且在很大程度上说明了政府机构在如何认识他们的责任上的重大转变，除了保障城市及其市民所产生的数据，他们还可以充当城市和公民之间的联系接口。这项运动通过新兴的自发倡议和非营利组织（如 Code for America）来支持，旨在通过技术和设计专家的参与来促进政府服务的创新。Code for America 通过类似奖学金的一些项目将专家和政府联系起来，实施以用户为中心和数据驱动的方法，以达到政府"为市民服务，为 21 世纪的市民服务"的愿景。[23]

从这些开放数据方案中诞生的市民数据应用程序打开了市民应用城市数字层的入口。他们允许访问以前隐藏的、不可用的数据。通过先进的传感和移动技术，现在人们可以知道下一辆巴士什么时候到达（图4），可以在转角看到停车位，或通过虚拟影像在建筑物里找到最近的厕所设施、残疾人的通道。市民数据应用程序是一种真正的自下而上的解决方案，能够使当今城市的生活更加智慧。然而，由于网站和移动设备的局限性，离实现所有人都能访问的愿景还有一定距离。例如，不使用台式电脑或智能手机的人无法应用这些服务，即使是拥有智能手机的人也可能无法找到、下载和操作这些应用程序。

位于智慧城市界面的城市 App

新兴的城市界面，如数字公共屏幕，为所有公民在需要的时间和地点提供数据提供了新的机会。这种使用公共

图4　在奥地利维也纳使用的数字显示器显示有轨电车和巴士服务的到达时间

屏幕的方式已经进入许多城市，其中一个例子就是在交通枢纽使用数字屏幕来显示即将到来的服务（图4）。这种方式不依赖于拥有以及掌握智能手机的人，更加具有包容性。一项2012年在加拿大卡尔加里进行的关于公交站点的研究也发现，与智能手机应用程序相比，人们更愿意看在公交站点的数字屏幕上显示的公交到达信息。[24]

城市 App 使用数字技术实现数据治理和数据可视化。这个特点将城市 App 的设计与传统的城市设计区分开来。从这个意义上说，没有经过数字设计干预的公园长椅并不是城市应用程序，通过数字技术（图5）整合成为乐器的秋千属于城市应用程序。行人的红绿灯按钮为市民使用而设计，其操作涉及数据的处理和可视化，依赖于数字技术，属于城市应用程序。本书旨在挑战已经应用了几年甚至几十年的传统城市 App 的形式、设计和使用状况，并对如何通过新颖的方式使用数字技术，以此来引入新形式和提升现有城市服务进行了概述。

图 5 "21 秋千"（21 Balancoires）是一个城市设计中穿插的项目，它把传统的秋千变成了乐器。

[图片来源：奥利维尔·布劳因（Olivier Blouin）]

设计智慧城市 App

新的传感和显示技术的应用为创新现有的城市 App 提供了机会，比如交通灯按钮。贯彻以人为本的设计理念下应用数字技术使城市 App 更加明智，而数字技术也不应该因为技术被限制，通过精心设计，它可以更好地提供信息，帮助市民做出决定，改善市民的城市体验。

引入红绿灯按钮原本是为了提高道路交通的通行效率。但在大多数情况下，是为了最大化汽车吞吐量。因此，对行人的体验和城市的可步行性产生了负面影响。在十字路口等待是一种令人沮丧的经历，这也是为什么人们乱穿马路，导致每年近 6000 起致命事故的原因之一。

设计通过智慧的干预措施有机会改善这种体验，在人们等待的时候有事情可做，可以让体验变得不那么令人沮丧。德国霍克希尔德斯海姆（HAWK Hildesheim）的一组学生解决了这个问题，这个巧妙的设计是利用现有的按钮界面，把它变成交互式触摸屏，不仅能让人们在等待的同时玩游戏，同时还能在游戏界面的背景下看到时间的流逝，直到灯变绿（图 6）。从这个意义上说，这款城市应用程序可以可视化现有数据，并将其编程到交通灯网络的系统基础设施中，但目前大多数情况下行人无法访问这些数据。

智慧而不炫技

城市应用程序可以呈现非数字对象的视觉形式，比如前文提到的黑板项目，完全隐藏了底层的数字技术（图 7），或者根本没有特定的视觉表现，比如因为干预成为乐器的秋千（图 5）。事实上，城市应用程序不应该始于技术，就像所有优秀的设计方案一样，它应该从特殊情况或问题开始。在开发城市应用程序时，技术开始发挥作用。对于城市应用程序设计人员来说，理解当前技术的可行性和局限性至关重要。在社区记分板项目（图 7）中，我们的团队只关注电力消耗的可视化和项目早期显示的形式因素。最初，我们完全不知道在部署中会使用哪种显示技术。只有在我们确定了设计方案之后，才开始研究构建这个城市应用的可能方法，最终使用了 Corflute，它通常被用作标识的低成本材料，但也提供了类似黑板的特征。然而，即使到最终实施出来为止，我们也忽略了采用过的成熟技术，因为 LED 或 LCD 屏幕可以很容易地替换掉这些电路板——记住，视觉设计需要与技术相匹配（见 03 章）。

在这方面，城市应用程序与传统智慧城市解决方案有着本质上的不同，传统智慧城市解决方案通常围绕技术构建。韩国首尔新开发的松多区（Songdo）智慧城市方案就是一个鲜明的例子。在这个大型项目的初期，松多区曾被誉为智慧城市发展的主要窗口。尽管该项目取得了积极的成果，例如可持续和节能的基础设施，但它的缺陷在于围绕着诸如 RFID（无线射频识别者）等在当时称得上创新的技术

图 6 StreetPong 支持人们消磨时间等待红灯变绿，和马路另一边的等待者一起游戏
[图片来源：阿梅莉·金茨勒（Amelie Kuenzler）/ 尚德罗·恩格尔（Sandro Engel），urban-inven on.com]

图7 社区记分牌结合了最先进的传感技术和低保真度的显示材料，以此来可视化当地社区的家庭用电量 [图片来源：尼卡什·辛格（Nikash Singh）]

而产生。[25] 这种方法的问题不仅在于把人类需求放在第二位，而且在于技术迅速老化并被新技术取代。因此，未来的防护在智慧城市的发展中非常重要。

最好的城市应用程序不应围绕一种技术来构建，而应关注于人们如何体验这座城市。更具体地说，是如何改善这种体验——是通过让隐藏的信息变得可见来帮助我们做出更明智的决定（比如社区记分牌和StreetPong项目），还是简单地提供一个目的地来体验短暂的快乐时光（比如21Balancoires项目）。通过消除（感知到的）技术的存在，将重点转移到人们参与他们熟悉的建筑环境。

"最好的界面就是没有界面。"

——戈尔登·克里希纳（Golden Krishn），设计师和作家[26]

城市 App 的特点

在城市环境的公共空间里，几乎任何一个物体，无论是秋千、交通信号灯、长椅还是垃圾桶，都可以形成城市应用程序。本书中的城市应用程序具备以下特征：[①]

- 专为市民使用
- 主要用于城市环境
- 改善市民的城市体验
- 利用数字技术对数据进行传感和可视化
- 可以是交互的、被动的或主动的
- 可移动或定位

城市 App 不受规模的限制或定义。它们可以完全嵌入各种尺度，例如智能手机那么小或者摩天大楼那么大。虽然城市 App 普遍基于智能手机应用，但它需要对"应用"的构成进行反思。应用程序是一种软件程序，它主要用于智能手机或平板电脑等其他移动设备。在智能手机上，可以从应用程序商店（比如苹果商店或谷歌播放）下载。大多数情况下，智能手机应用程序为用户设计，通过他们运行的移动设备与他们进行交互。当然也有一些例外，比如智能手机应用程序可以与环境中的其他界面进行交互。例如，通过智能手机摄像头的增强型实时直播功能来查看空间，或者使用智能手机应用作为遥控器来与大型显示器互动。

城市应用程序以城市作为操作系统而设计。在这里，操作系统不是一个带有预先设置好的应用程序接口和窗口管理器的软件包。相反，城市作为一个操作系统，具有一个复杂的结构，由城市结构、使用空间的人、其他服务等组成。城市的每一个空间对构成操作系统的各个方面都有特殊性。从这个意义上说，操作系统，或者是城市应用程序实现的操作系统的一部分，高度依赖于特定的位置和物理环境。因此，与设计智能手机应用相比，设计城市应用程序面临着新的挑战。我们十年来为智能手机设计应用程序中学到的一切（以及之前的一切）同样适用于城市应用程序。然而，城市应用需要额外的设计才能确保它们达到目标。

---

① 在下一章中，我们将解释一些用于描述城市 App 设计特性的术语的含义。

城市体验

"用户体验"一词跨越了用户与产品或服务之间的界面，其紧扣产品或服务的价值。该术语在业内用于补充其他术语，如实用性工程和用户界面设计。这些用语着眼于界面设计，将其作为与用户交互使用的产品或服务的一部分。诸如，Instagram 这样的社交媒体移动 App，它的界面包括登录页面、更新信息流、联系人列表、菜单和一系列用于操控 App 中显示内容的按键。App 的可用性由 App 自身的行为 [27] 决定。它与效率、有效性和用户满意度等方面相关，这些均被描述为可量化的测度。

> "仅仅可以使用是不够的，产品必须让使用者快乐。"
> ——达娜·希斯纳尔（Dana Chisnell）（用户体验和可用性测试研究员）[28]

相比之下，用户体验则更难衡量。产品的用户体验不仅通过用户界面和产品的可用性来定义，它还涉及用户的态度、偏见、经历、情感、环境等。这意味着使用同一产品的两个人可能会以非常不同的方式体验产品。美国咨询公司尼尔森·诺曼（Nielsen Norman）团队的创始人雅各布·尼尔森（Jakob Nielsen）和唐纳德·诺曼（Donald Norman），将用户体验定义为"终端用户与该公司及其产品和服务互动的所有方面"[29]。用户体验包括界面设计和可用性，两者作为一个方面并在体验中通过界面的质量和设计来塑造。

如今，人们普遍认为需要使用数字化产品。随着优秀的设计成为数字化产品的设计标准之一，那些以精心设计来满足使用者预期的用户界面在市场中才能具有竞争力。正如 Semaphore Partners 的体验规划主管帕里什·汉纳（Parrish Hanna）所言，"在体验设计进化的节点上，用户满意应成为标准，快乐应成为目标。"[30]

产品体验设计师基于马斯洛需求层次的金字塔模型，描述了有助于产品体验的不同层级（图 8）。第一层级是功能性，意指设计应满足基本的功能性需求。第

图 8　需求的设计层次及其定义产品用户体验的各层级

[选自史蒂文·布拉德利（Steven Bradley）在 Smashing 杂志的载文] [31]

二层级是可靠性，意指产品应保持稳定且提供一致的性能。第三层级是可用性，意指设计要包容且产品更易使用。第四层级是专业性，意指人们感觉到自己能做得更多更好。最后一层是创造性，意指产品应提供艺术审美和创新互动，这一层级的设计被视为是最具有价值的。

我们面临的挑战是，要设计人在与产品互动时的体验是不可能的。这种体验通过享受的特征来塑造[32]，包括一个人的经历、心情和情感，这些因素都是设计者无法直接掌控的。设计者只能通过情景和参数的设计，尽可能呈现一次美好的体验。而可用性让事情变得直观和易于使用（在效率和有效性两个测度），用户体验还包括考虑用户在同产品或服务交互过程中的感受。[33]

一些发起者将用户体验和幸福联系在一起，并把优秀设计的目标描述为创造幸福，让人们在产品使用前、使用中以及使用后都能"感受到快乐"[34]。

城市的非物质性品质

可用性的概念在本质上与物质性产品相关。在这一方面，数字化产品就和其他的有形物品很相似，比如衣服或珠宝。尽管人们认为购买有形物品能给我们带来快乐，但有研究表明，事实上，体验性消费相比物质性消费让人感到更快乐。[35] 这样的体验性消费包括参加一场演唱会、外出就餐或者去其他国家游览等。

这一趋势体现在市场的微观变化中，表现在供应商从销售产品转向销售体验，进一步提升了用户体验设计和服务设计的重要性，在设计中减弱对单个产品的关注而更重视服务的总体验。

城市环境为阶段式体验提供了机会，主要通过体验品质来创造快乐时光。本书提到的很多城市 App，大多被设计成在头脑中创造一种体验，而非将重点放在与有形物体的交互上。这就是消费产品和城市 App 之间的重要差别——消费产品（无论它们是有形的还是完全数字化的，如软件 App）往往被设计成可以购买的，因此能被使用者所有。大多数情况下，城市 App 是公共资源，这就允许用户对作为服务设备的这类产品，在不拥有的情况下，能短暂性地得到体验。这一点对我们应如何处理城市 App 的设计具有重要的影响，因为直接客户（那些付费购买城市 App 的人）很少是用户（那些同城市 App 交互的市民）。

体验城市

体验式交互通过情感、态度和感受而形成，所以类似于不是每个人都能以相同的方式体验同一个产品，也并非每个人都能用相同的方式体验城市。诚如产品，人们体验城市环境的方式取决于他们的生活经历、人际关系或他们可能拥有的与之相关的回忆，不管它能否及时让他们回忆起相关的类似环境，以及在那个时刻产生的情绪和感受等诸如此类的情感因素。

城市的体验更加复杂，因为人们的活动构成了他们自己的城市空间。正如马尔蒂恩·德瓦尔（Martijn de Waal）在书中写道，人们"使用了一个覆盖于整个城市的网络"[36]。人们住在一个地方，却在城镇的另一个郊区工作，有时到他们最喜欢的购物中心或市中心购物，在室内游泳馆或邻近公园等娱乐场所度过他们的闲暇时光。[37]人们把满足自身需求的地点组成网络，进而形成城市。

因此，人们体验城市环境的方式很大程度上不是战略性城市规划的结果，而是"被城市居民的个人规划所驱使"[38]。设计一个特定的城市体验非常困难，就像不可能去精确设计一个用户如何体验一个数字化产品。作为设计者，我们只能设计让美好体验得以呈现的条件。[39]

数字媒体正在改变我们体验城市的方式。最重要的是，它们导致了德瓦尔所说的"城市社会的地方化"[40]。人们正在为了自己的目的占用公共空间，[41]通过使用数字媒体在公共空间周围有效地创建私人空间胶囊。在智能手机的帮助下，无论身处何地，他们都可以访问他们朋友的虚拟网络，允许他们在公共空间里自由社交。智能手机作为一种区域性设备，被用来将任一城市情景转换为个人体验。[42]例如，借助 Facebook、Instagram 或者另外的社交网络 App，我们可以联系到朋友。

图书馆和苹果商店的公共网络接入点就见证了人们正以一种尴尬的姿势坐在街道一侧，打开他们的联网笔记本或移动设备，沉迷在虚拟世界里。

回应这些观察结果，德瓦尔提出了将数字媒体打造为体验制造品。[43] 对这个范式的应用，我们才刚刚起步。大多数的体验制造品仍受用户主导，并依赖用户自带工具。随着数字媒体进入城市的每个角落，它们将不断改造我们体验城市的方式。

城市环境和技术创新

2008 年，世界上首次有超过半数的人生活在城市。[44] 当前预测表明，到 2050 年这一数据将增长至 2/3。城市依旧吸引着人们，因为它们承诺具有更好的教育资源、更高收入的工作机会，以及更高质量的生活。城市规划者努力在大都市中推行小城镇发展模式，这一点似乎与之矛盾。[45] 这种趋势在一些大城市早已开始，比如大约 1500 年至 1800 年间的伦敦；2013 年，在计算机系统中的人类因素国际会议（CHI）上，伊桑·祖克曼（Ethan Zuckerman）在他的闭幕主旨演讲中指出"城市倾向于逐渐被烧毁的趋势，用木头建造的同时也正在以明火加热"[46]。城市一直是灾难（比如火灾）和疾病（比如 1665 年的黑死病杀死了伦敦 1/5 的人口）的中心，具有较高的死亡率。

> "历史上第一次，大多数人选择居住在城市地区。在未来的几年，城市人口的比例将继续以超越人口增长的速率快速增长，专家估计，到 2050 年世界上将有 2/3 的人口生活在城市里。"
>
> ——《智慧城市》（IBM 公司）[47]

在 19 世纪，城市中人口死亡的原因从不安全建筑施工导致的火灾转变为不卫生的基础设施带来的疾病传播。正如祖克曼所写的，在 18 世纪 40 年代到 60 年代期间，霍乱十分常见，"因为在私人住宅后方开挖修建的是开放的一体式下水道和污水池，而随着伦敦居民将便壶等卫生设施升级为更加现代化的抽水马桶，其中的污水就常常溢出，这极大增加了需处理的粪便量。"[48]

事实上，城市让它的居民得以生存的失败推动了很多技术创新的诞生，比如 18 世纪 60 年代伦敦市污水管道系统[49]、废物管理系统和其他卫生设施的建设。然而，今天的挑战更为多元、复杂和开放，它不仅要求技术上的解决方案，还要依赖更全面的城市设计方法，比如系统思想。改善城市的某一个问题很可能会引发一系列连锁反应，从而影响城市生活的其他方面。例如，汽车和交通的优化能降低道路拥堵，但因此带来的空气质量下降对行人活动产生了负面效应。

城市环境带来的挑战往往是多学科性质的。抗击霍乱需要医生、工程师、城市规划师和建筑师等人的通力合作，才能识别病因，设计并实施解决方案。但是，当前城市面临的挑战比以往更加多学科化。城市的设计和升级不再是建筑师、城市规划师和工程师们的唯一责任。随着越来越多的人居住在城市中，市民这一角色变得越来越重要。超越软件算法的模拟，理解城市建设环境中的外部介入如何影响城市居民的体验十分必要。目前最新的一项进展可以说明这个问题，比如澳大利亚墨尔本的多克兰区（the Docklands），最初无法实现吸引居民的愿景，因为这需要经历数年和数个迭代才能让它成为一个活跃的地区。[50] 这种以开发者为中心的规划已经受到批判，因为它关注的是优化商业价值，而缺少促进文化发展和行人活动的机会[51]，比如借助交通链接和绿色空间的衔接。[52]

公共空间的演变

在城市环境中，严格区分公共空间和私人空间并非城市生活中一直以来存在的部分。把工作空间从生活中分离的空间隔离的思想始于工业革命时期。在工业革命之前，人们往往在家里经营生意。住宅在白天可能是一个工业作坊、面包店或商铺，傍晚成为公共空间，而到深夜它就转变为卧室。[53] 当人们白天在工厂工作时，住宅逐渐失去作为工作场所和公共空间的作用。正如美国城市学家威廉·H. 怀特（William H. Whyte）在 1980 年发表的小城市空间研究中描述的那样[54]，公共生活转移到了街道，人们选择到街上的小商铺或街角聚会和社交。

德瓦尔引入了第三种空间类型，它处于家庭私人空间和城市公共空间之间，这第三种空间被称为"地方性空间"[55]。它位于公共空间内，却被市民用来开展私人商业活动。在这个意义上，它可以被视为私人领域对城市环境中公共空间的一种延伸。私人领域代表私密的物理空间，而地方领域则包含了部分公共的物理空间。[56] 德瓦尔认为，随着科技引入人们的日常生活，地方性领域将消失，变为一个概念。但他没有将此归因于互联网和实时在线、实时链接的智能手机设备，而是将地方性领域的衰败同汽车和电视的出现相互联系。使用汽车这一交通工具意味着人们的社交活动不再局限于当地社区。汽车使人们能够在城市其他的地方扩展他们的地方性领域。但这也意味着人们突然能到城市其他的地方活动，还能到比过去更远的地方工作。电视的使用意味着人们开始在自己的家里社交而不用到街上和人聚会。电视机前的空间逐渐代替街巷角落，成为人们社交生活的主要场所。

为支持这些观察现象，日裔美籍人类学家伊藤美子（Mizuko Ito）将移动手机描述为"领域设备"，它能让人们占用公共空间并改变对该空间的感知方式。[57, 58] 移动手机的出现意味着在公共空间里人们不再依赖其他人的出现才能进行社交或使用空间。现在他们只需轻触手机，就能在互联网上联系到他们的朋友。

在广播和报纸依旧是主流媒体的时期，公共领域首先被视为一个实体的会面场所。[59] 借助汽车和购物中心的出现，并伴随着电视和私人电脑广泛应用于大众生活，人们开始担心公共领域的科技化和商业化会破坏其作为会面场所的空间功能。[60]

> "公共空间是我们邂逅陌生人的地方，是一个通过在观点、社会立场、种族和经济背景等方面遇到分歧而孕育包容的摩擦空间。"
>
> ——亚当·格林菲尔德（Adam Greenfield）（作家和城市学家）和
> 马克·谢泼德（Mark Shepard）（艺术家和建筑师）[61]

虽然在地理位置上，从单个房间到整个地球均被视为是分层布设的[62]，但建设环境使用了由内到外的场所，提出了只关注本地的范围尺度。[63] 这个定义关注那些"居住在城市的人"（包括市民和路人），认为场所是一种被市民和路人体验、改造的事物。[64] 设计人们意象的实践叫作"场所营造"。场所营造的思想主要源于简·雅各布斯（Jane Jacobs）和威廉·W.怀特（William W. Whyte）的研究，它强调"活跃社区和魅力公共空间的社会及文化重要性"[65]。场所营造的两个核心原则是为人设计城市以及在设计过程中市民参与决策。场所营造最初的目标是创造"场所感"，这在城市设计中被视为"人的需求"，它对人类的幸福、安全、归属以及治愈隔离和疏远十分重要。[66]

城市设计对快节奏和慢节奏的场地做了进一步的区分。[67] 快节奏场所需要支持其快节奏的属性，并允许人们在空间中进行转换。在导向系统中，该原则用来确定快节奏场所的位置和支持方式。慢节奏的场所则是人们倾向于居住的空间。在导向系统中，该原则用来确定引导标志和其他兴趣点的最佳布设，比如火车站的售票机，应不破坏人在空间中的自然流动。墨尔本的灯光设计师布鲁斯·雷默斯（Bruce Ramus）称这种设计为空间的黏性，他在自己的作品里实现了这一概念，主要借助路灯的布设，给人们指路的同时也让路人驻足体验。[68]

城市设计师和景观建筑师一直在思考公共空间的设计和其中的干预措施。对技术设计师而言，这是一个新的领域，因此在设计城市环境中的数字化干预措施时，认识到公共空间的复杂性十分重要。

城市体验设计的兴起

技术设计师参与城市建设的机会日益增加，他们带来了能帮助理解人的痛点、目标、渴望和解决复杂问题的工具和技能。从以人为本的视角出发，用户体验设计对打造智慧城市至关重要。特别是，数字技术的推出很大程度上依赖用户体验设计。否则，在城市环境中越来越多地采用数字技术只会带来令人失望的体验，类似于早期的台式电脑，那时大多数的软件用户界面都只为工程师而设计。

随着越来越多的数字产品进入我们的生活，越来越多的日常体验被科技所塑造，从起床，煮咖啡，到用售票机购买火车票，在上下班路上用移动设备看新闻。随着我们周围的世界和活动变得越来越数字化，体验设计的作用变得越来越重要。

我们已经在高度科技化的领域见证了这一点，比如银行业，顾客通过银行获取产品和服务的方式正在高速多元化。用户体验设计在这些领域中的不断发展，也伴随着业内公司中用户体验团队的迅速壮大，使用效果逐渐显著。

类似的，在物联网的推动和发展下，家庭环境对科技产业的兴趣不断增加。智能家居环境已经存在了很长一段时间，它服务于小众客户群体，目的是销售他们昂贵的一体化智能家居解决方案。当智能家居产品涌入消费者市场中时，它们的设计成为优于竞争对手的因素。

在科技行业，设计正在扮演着越来越重要的角色。正如在 2015 年 South by Southwest 会议上，约翰·梅达（John Maeda）的演讲第一次谈及摩尔定律 [69] 不容忽视，因为它带来了技术革命和新应用范式的兴起，比如无处不在的计算机和物联网。

随着城市人口的增长和城市的科技化，城市中的生活也变得越来越复杂。但人们很少去关注设计数字化技术在城市环境中的用户体验。这可能归因于当前市民还未被视为智慧城市方案的终端用户这一事实。智慧城市方案的提供者旨在服务政府，因此将政府代表和城市管理者视为终端用户。另一个因素在于智慧城市方案被局限在可控范围内，即所谓的一个盒子里的智慧城市。

个人电脑、企业软件的发展和智慧城市之间有着惊人的相似性。无论是个人电脑还是企业软件，最初都不是为终端用户而设计。这两个例子中，它们的客户都不是终端用户而是公司。因此，个人电脑和企业软件的制造商瞄准了公司的高管，这些人大多情况下甚至无须和产品交互。制造商指导这些高管根据产品性能进行决策，而不是基于产品的美学或是否能提供愉悦的产品体验。这是一件好事，个人电脑市场能长期跨越工作场所的界限，并迫使制造商考虑他们产品的体验以在市场上竞争。然而，企业软件仍是一个糟糕的用户体验设计案例 [70]，尽管有一些有趣的企业进入市场，比如澳大利亚软件公司 Atlassian，它将终端用户聚焦在一个组织内，随后其成为 Atlassian 公司产品自上而下的倡导者。

需要多久，智慧城市方案才能翻越那个保留了全部城市管理智能技术的盒子的高墙？在目前状态下，尽管我们不可能针对这个问题提供量化的答案，但它在学术界和媒体上得到的关注，表明也许我们正处于另一场革命的边缘。采用数字化解决方案帮助我们应对复杂的城市环境，这只是时间问题。体验设计将确保这些解决方案让我们在城市中生活得更美好，而不是更加沮丧。

> "成功的初创企业以客户为中心。然而，当涉及城市发展时，我们通常聚焦在基础设施和系统建设，而不是聚焦在终端用户。"
>
> ——卢辛达·哈特利（Lucinda Hartley）（设计师，城市学家和社会企业家）[71]

然而，设计一种体验是不可能的，正如上文所述，一个人在使用一项产品或服务时所经历的体验取决于他们自己的态度、信念等。因此，用户体验不仅取决于产品或服务，同样取决于用户。这在城市环境中更为复杂，设计者无法控制谁将使用他们的产品，甚至预测使用者的背景、目标和需求都十分困难。因此，在城市环境中用户体验设计的目标是为更好的城市体验创造设计条件。下一节，将讨论已建立的设计框架及其与城市用户体验设计的相关性。

智慧城市和城市应用程序设计框架

在许多情况下，设计框架以方法论的形式呈现，也就是工具和方法的集合。设计框架为交互技术的设计提供了工具，为如何处理设计问题提供了方法和思路。

对于任何用户体验设计项目来说，最基本的原则都是以用户为中心或以人为中心的设计。顾名思义，以用户为中心的设计将用户置于设计过程的核心，它最初被誉为瀑布模型的替代品。瀑布模型是流行于20世纪90年代的软件开发的模型，该模型包括收集需求、设计、实施、验证和维护阶段。但是，瀑布模型因其有序性而受到批评。由于项目通常要跨越几个月到几年的时间，第一个阶段（收集需求）和最后一个阶段（开发）是分离的，并且无法测试终端用户所提议的解决方案，也无法回到上游，重复前一个阶段。因此，瀑布模型的迭代变化被引入，以便根据需求从上一个阶段获得更多信息。然而，这仍然不是真正的迭代，而且用户只是收集需求阶段考虑的次要实体。

以用户为中心的设计模型的最简单的形式包括四个阶段：收集用户需求，设计，原型创建，评估（图9）。真正的迭代在于允许在这些阶段之间来回移动，用户（在理想情况下）总是处于每个阶段的中心。在以用户为中心的设计过程的每个阶段都可以使用许多工具。工具的实际选择取决于项目、规模、时间、资金以及其他因素。例如，用户需求阶段包括诸多方法，包括观察法、调查法、访谈和文化调查。

该模型为智慧城市项目提供了有用的起点。但是，在城市环境中如何应用它，要稍微复杂一些，因为不一定存在定义明确的用户组。相反，智慧城市解决方案有各种各样的接触点，这些接触点可能针对不同的用户组。例如，交通灯系统通过行人交通灯接触行人；通过道路交通灯接触司机；在一些城市，通过自行车道的专用交通灯接触骑行者；接触控制城市交通灯网络的运营商；还有城市规划者也有可能是用户，他们使用该系统产生的数据来确定对未来、对现有城市基础设施的干预和调整。

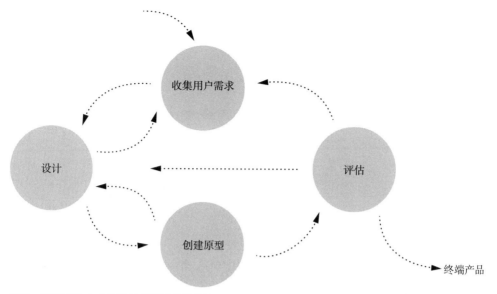

图9 以用户为中心的设计流程（简化版）

本节讨论的一些框架通常更适合城市应用程序的设计，而不是智慧城市解决方案，因为这些框架围绕与设计的产品或服务交互的用户而创建。然而，通过关注解决方案的人性化方面，大多数智慧城市项目也可以被重新构建为城市应用项目。每个框架的解释都使用了更合适的术语，以便于这些框架可以在智慧城市和城市应用程序项目中被考虑。

参与式设计

参与式设计有时被错误地认为是以用户为中心的设计的另外一种说法。然而，虽然参与式设计也是以用户为中心，但是，它要比以用户为中心的设计更进一步。它把用户和其他利益相关者纳入，使其成为设计团队的一部分。这种方法起源于斯堪的纳维亚，应用于软件解决方案的开发。[72] 除了高度的用户参与，参与式设计建议使用民族志方法，如现场观察和访谈[73]，并采用解决方案的参与式设计，例如绘制草图和低保真原型。[74]

重要的是要记住用户，而不是设计师，而且用户在设计过程中提供的解决方案不一定代表最终的设计。相反，用户的草图需要分析，就像采访和调查数据需要分析一样。设计人员的责任是分析所有数据，并在整合数据的基础上设计解决方案。

在城市环境中，参与式设计方法与社区参与方法有相似之处。长期以来，城市规划通过社区参与的方法寻求对城市发展的建议和其他公民问题的反馈。这种咨询通常是通过在线调查、面对面的研讨会或话题小组进行的。源于研讨会还是其他方式取决于其组织架构和举办时间。如果在项目设计阶段接近尾声时进行，它们更像是对想法的形成性验证，而不是试图让利益相关者参与到提出解决方案的过程中。让市民参与城市设计过程的更有效的方法是：在项目的早期阶段与利益相关者一起举办研讨会，让他们能够共同参与城市解决方案，并从当地社区收集意见。

行动研究和设计思维

另一种适合城市应用程序设计的方法是行动研究。1944 年，麻省理工学院的教授库尔特·卢因（Kurt Lewin）首次使用这个术语来描述行动研究中的"螺旋形步骤"。[75] 当时螺旋形步骤包括计划、行动和评估行动的结果。现在有两种行动研究方法：参与式行动研究和实际行动研究。这两种方法都是城市应用程序设计的有效方法。两者中哪一个更合适，取决于城市应用程序设计的特定环境。参与式行动研究与参与式设计有相似之处，特别适合社区内的干预。[76] 这种方法建议让利益相关者作为共同设计者参与进来。参与式设计和行动研究方法的结合能够在城市环境中为设计应用程序带来优势。

规划、行动、评估的迭代行动研究以及阶段反思，影响了设计思维的概念，同样也影响了设计研究。设计思维最近才被认为是解决一切问题的良方。然而，它已经有漫长的历史。在学术界，它仍然与设计师的思考和工作方式息息相关。[77] 设计思维这一术语的学术用法起源于 20 世纪 60 年代[78]，当时美国的科学家和社会学家西蒙·赫伯特（Simon Herbert）把它作为一种思维方式介绍给大家。将设计思维作为解决问题的创造性方法的实践最早出现在斯坦福大学，IDEO 创始人戴维·凯莉（David Kelley）在商业领域采用了这一术语。

设计思维是解决棘手问题的好方法。正如前面所讨论的，当今城市面临的许多严重的问题没有明确的解决方案，而解决方案可能会带来新的、无法预见的问题。使用迭代阶段的设计思维（图 10）可以应对城市问题的复杂性。设计思维模型奠定了针对现实世界的问题设计解决方案的基础。反思阶段鼓励对设计解决方案进行彻底的评估，这个过程可能会产生新的见解，从而触发另一个迭代。

当然，这有可能导致无穷无尽的迭代，造成项目预算和其他资源被快速消耗。因此，评估已实现的解决方案对原始问题的补救是否有足够的约束力和度量措施，明确这一点很重要。在某种程度的城市背景下，更新永远不会结束。即使城市应用程序已经开始运行，它仍然需要随着环境的变化而不断调整，比如人口密度发生改变，市民的人口统计发生变化，引入新服务等。

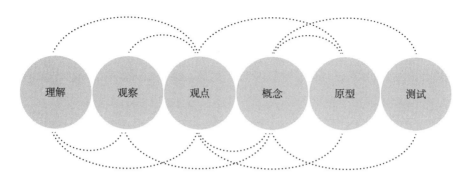

图 10　设计思维模型的典型阶段（基于斯坦福大学的原始设计思维模型）[79]

螺旋模型

对于有时间和预算限定的设计项目，比尔·韦普朗克（Bill Verplank）的螺旋模型[80]是个很好的开始（图 11，左）。他的模型可以作为决定设计干预阶段的总体框架，与设计思维或其他方法结合使用。螺旋模型，也被称为弯折法[81]，从设计师和设计师的想法（直觉）开始，以黑客（Hack）的形式出现。黑客可以对一个想法进行更详细的阐述，从而生成原型，帮助设计师理解和制定规则。这些规则为产品制定了指导方针，超越了原型，在某些情况下甚至导致一个新的范式，从而开辟新的市场机会。这种方法仍然有迭代的方面，但同时，它建议从一个阶段到另一个阶段的增长（原始想法的成熟）。该模型关注成熟度，在严格的时间限制和有限的资源条件下工作时非常有用。

米奇·雷斯尼克（Mitch Resnick）的创意性学习螺旋模型[82]也以设计师为中心，深度迭代，永无止境（图 11，右）。[83]这与设计思维阶段存在相似之处，在进入下一个迭代周期之前，先有创建和反思的迭代过程。

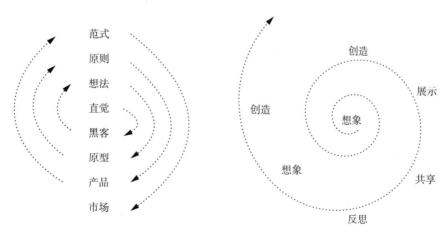

图 11　设计创意性干预的两种模型：韦普朗克的螺旋模型（左）和雷斯尼克的螺旋模型（右）

通过设计之研究

韦普朗克的螺旋结构反映出设计师介入的不仅仅是原型或者产品，这就是学术界所谓的"知识"。在螺旋模型中，通过设计规则的制定产生并获取知识，这些规则最终导致了新范式的出现。它们的用途超出了特定的原型或产品，因为其他人可以在自己的工作中获得并使用。

在学术界，基于设计的研究通过知识获取的方式来定义。这种类型的研究不是通过可复制的实验来确定可验证的模型，而是创造事物，分享从这个过程中获得的见解。为此，产品本身——作为解决方案的代表——以及过程同样重要。因此，掌握流程，记录流程，用于以后的分析、反思和改变并能被其他人所用非常关键。

美国设计研究员约翰·齐默曼（John Zimmerman）和他的同事将这种研究方法称为"通过设计进行研究"。[84] 他们的工作不仅激励了许多研究者采用研究型的设计方法，同时也引发了对方法论本身的大量研究。例如，如何衡量通过设计进行研究的干预是否成功，以及如何记录和交流研究过程，是现在面临的一大挑战。[85]

齐默曼和他的同事们通过他们的工作表明，任何人都可以学习通过设计进行研究的方法。但伦敦大学戈尔德史密斯学院的设计教授威廉·盖弗（William Gaver）强调，干预的灵感必须来自设计师的内心。2011 年，在温哥华举行的国际计算机人为因素会议（CHI）上，他提出基于科学的研究和设计的研究的区别在于前者由假设驱动，而后者是从环境和纲要开始（图 12）。在后来悉尼大学的一次演讲中，他谈到当他的团队收到一份纲要时，他们通常一开始并不清楚解决方案的蓝图。只有通过收集并分析相关的环境研究数据，才能得出结论。在某些情况下，解决方案甚至可以基于一位研究参与者的一份声明。[86] 下一章将讨论如何收集并对参与者的数据进行判断。

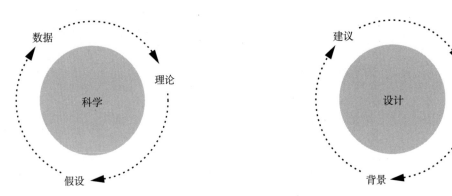

图 12　科学研究和设计研究（基于威廉·盖弗的原始范式）

服务设计

服务设计是侧重于服务的设计，旨在提高服务质量以及服务提供者与客户之间的交互。如果两家咖啡店以同样的价格提供咖啡，优秀的服务设计会让你选择其中一家而不是另外一家。[87]

服务设计起源于市场营销和管理学科，它被用来描述材料组分（产品）和非材料组分（服务）的综合设计的重要性。[88] 服务设计是一门相对年轻的学科，如果以行业渗透率来衡量的话，甚至比用户体验还要年轻，却是用户体验全心全意拥护的学科。这是由于人们的关注点从产品转向服务，而且这两个学科工具和方法具有重叠的范围。

服务设计的主要原则是：以用户为中心、共创性、顺序性、证据性和整体性。[89] 这些原则强调，服务设计需要理解用户（不仅仅是数据），让所有利益相关者参与设计过程，认真考虑客户体验服务的节奏——类似于电影场景，并让客户感受到无形的服务。

我们在很大程度上通过服务体验一座城市。乘坐公共交通工具，使用自行车道，或者坐在公园的长椅上——这些都是城市提供的服务。设计服务或重新设计服务不是一个简单的任务。因此，一个有用的概念是接触点。接触点是客户（或市民）体验服务的接口。识别城市中的接触点并分析它们的质量，是有效设计城市应用程序的第一步。同时，关注接触点的网络，了解一个接触点的改变如何影响整体体验也非常重要。

系统思维

因此，系统思维是一个有用的框架，它提供了理解元素网络中各个元素相互影响的过程。早期系统思维的概念提出后，主要应用于组织学习中，但今天它被用于解决问题的方法中，涉及诸多学科，其中包括城市规划。系统思维方法大致可以分为硬系统方法和软系统方法。硬系统是可量化的，使用类似模拟的计算机算法处理问题。当涉及严重依赖人类参数的系统时，这种方法表现出了其局限性，因为它将人视为被动的，而不是具有复杂动机的实体。[90] 因此，计算机模拟和其他可量化的方法对于围绕人类构建的城市应用程序的设计来说，价值有限。与之相反，软系统方法更适合在混乱的情况下解决问题，其中涉及人们具有多种相互矛盾的参照系。[91]

IBM 在执行报告 *Smarter Cities for Smarter Growth*（更智慧的城市，更智慧的增长）中提出，系统思维可以作为智慧城市规划和管理所有方面的解决方案。[92] 同时建议解决城市问题的方法是寻求系统之间的相关性以及认识到广泛使用信息的价值，而不仅仅是对某个城市事件作出回应。正如报告所述，这种方法有助于确定正在处理的城市问题的根源，并更好地理解城市变迁作为一个系统的整体价值，以及如何通过策略来实施这种变化。

"城市针灸"和城市代谢

起源于城市规划学科的"城市针灸"，同样将城市视为一个系统，但借鉴传统中医的做法，建议将重点放在地方、小规模的干预或治疗上，以"治愈"城市。[93]"城市针灸"提供了一种替代传统治疗方案的方法，传统方式通过进行大规模的外科手术来治疗城市中不健康的情况，例如整修物理基础设施，这些基础设施类似于城市生活系统中未能有效运作的部分。[94] 以城市的数字层为中心——"信息结构"[95]——城市针灸疗法可以整体地解决这个问题来治疗不健康的状况，使治疗过程得以进行，而不是通过激进的手术来对抗症状。[96]

新加坡的未来城市实验室（FCL）采用与城市建设类似的整体视角，提出了城市代谢[98]的概念，将城市视为一个复杂的系统。该框架强调了流经城市的各种资源，如能源、水、资本、人员和信息。其目的是创造一种干预措施，鼓励资源的循环流动，而不是目前常见的线性流动，线性流动会产生无法重复使用或回收的废物（图13）。未来城市实验室建议将城市看作库存和流动资源的动态代谢系统，这有助于理解资源分配和时间部署所带来的影响。[99]

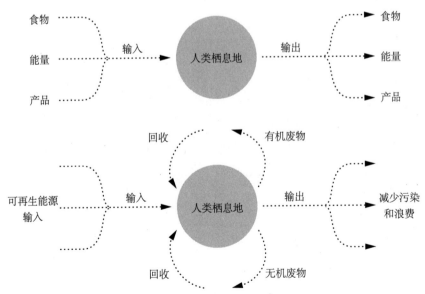

图13 线性代谢（较高的城市消耗和污染）与循环代谢（最少的投入和最大的循环）
[基于理查德·罗杰斯（Richard Rogers）的著作《小星球的城市》中的原始范式][97]

城市设计原则

城市设计这门学科为城市公共领域的设计提供了一系列的指导原则，可以为城市应用的设计提供额外的指导。[100] 这些原则关注诸多方面，例如城市空间的特性，连续性和封闭性，公共领域的品质，易移动性，可识别性，适应性，可达性，多样性等。城市应用程序的设计可以通过信息技术的整合来改善这些元素的某些方面。例如，通过为弱势群体提供额外信息的数字系统提高可达性。

至少，有必要确保城市应用程序的干预不会违反这些原则。例如，城市应用程序的设计师了解人流动向，并确保他们的干预不会对人们在空间中的活动产生负面影响，这一点很重要。许多政府组织已经制定并维护他们自己的城市设计原则，例如澳大利亚悉尼为某个区域制定了《城市设计和公共领域指南》。[101] 因此，地方政府和他们的城市设计资源，在设计城市应用程序或智慧城市解决方案时，可以普遍作为有利的起点。

设计和部署城市应用程序的模型

本书使用的总体模型也决定了本书的结构，包括理解、设计、构建和部署阶段（图 14）。该模型反映了在城市中设计数字体验带来的特殊挑战。城市应用程序的部署在大多数情况下伴随着高昂的成本，因为需要对物理基础设施进行修缮。因此，与纯软件产品相比，部署早期版本收集用户反馈更加困难。在许多项目中，设计人员只有一次机会部署干预，尤其是临时性的部署，例如，作为节日的一部分。从定义上来看，城市应用程序高度公开，因为它们被设计成公众在公共空间使用

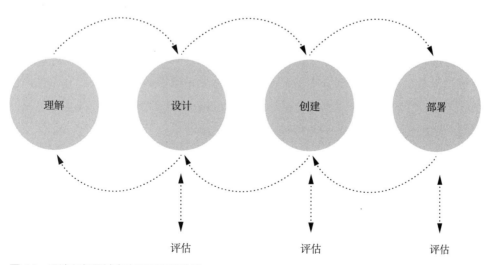

图 14　设计和部署城市应用程序的阶段

的产品。这意味着如果失败了，失败也是公开的，可能会损害背后的组织和设计师的声誉，并影响人们对城市应用的信任。

尽管在这本书中设计阶段是按顺序排列的，但并不意味着这是一个顺序模型。与以用户为中心的设计模型（图9）和设计思维模型（图10）一样，在两个阶段之间来回移动是可能的（也是必要的）。该模型不包括单独的评估阶段，评估会在每个阶段进行。接下来的章节将详细讨论每一个阶段。

02

理解城市经验

理解设计情境

学习如何与专家交谈并进行研究，进而了解相关背景知识，将其作为"征服设计挑战的跳板"[102]，这是所有以人为中心的设计过程的第一步（图10）。

在用户体验设计领域中，这个阶段被称为"设计研究"。通常情况下设计研究主要的方法是通过观察或与他人交互来收集数据。其他不与人直接联系的方法称为"次要研究方法"，比如竞争者分析或回顾文献。几种研究方法的综合应用有助于在设计项目过程中深入理解设计情境约束力和设计框架的各个层面及其相互依赖性。"设计情境"由概念性和物理性两方面观念组成，用来描述一个设计者在其中运行的环境。一个设计情境可以产生于项目概要，也可以是一个大型项目概要中的一个挑战，或者从导致干预想法的观察中产生。

在应用方法理解设计情境之前，有必要明确这个项目想要达到的目的。学术驱动的设计研究，是为了解决一系列问题，而这些问题奠定了项目更进一步发展形成研究目标的基础。比如，研究人们为什么在一个特定的位置乱穿马路。研究目的、研究问题和研究目标决定了对研究方法的选择。上面这个例子，适合采用现场观察和现场采访的方式。

语境的作用

了解设计环境的物理、社会和文化背景对于任何项目的成功实现都至关重要。长期以来，从建筑设计到智能手机应用的设计，都会考虑背景的作用。涉及一系列语境和不可预测的使用场景时，对语境的理解会尤其复杂。例如，当设计智能手机应用时，预测人们会在何种场景下使用他们的应用并不容易，可能会在起居室，也可能在搭乘公交车时，又或者在穿过马路时。这种情况下，语境包含用户的目标、注意力、任务等。另外，还涉及环境和文化语境（图15）。设计智能手机应用需要考虑以上所有可能的场景。设计研究就是为了在确定设计的细节之前更好地理

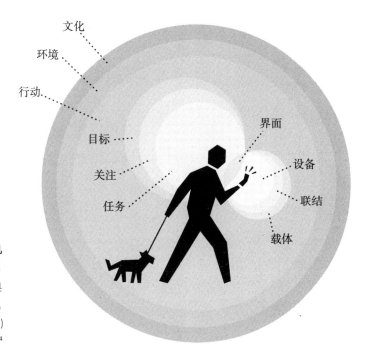

图 15 在设计智能手机应用程序时提供的语境层
[基于纳达夫·萨维奥
（Nadav Savio）的原始图，
詹特·安特（Giant Ant）
设计，www. jangtAN.com][104]

解场景，无论建筑物、智能手机应用，还是城市应用。

> "智慧城市的概念就如同艺术：语境比产品更重要。"
>
> ——赫尔·巴伦（Ger Baron）（阿姆斯特丹市的首席技术官）[103]

　　当交互式应用程序的设计从设计一个空白的画布（如智能手机设备的屏幕）到设计嵌入城市环境中的界面，语境的作用变得更有层次感。不仅要考虑用户的语境，还要考虑物理、建筑环境的语境以及对公共空间应用的立法要求和约束。在用户体验设计领域，这带来了新的挑战，传统上主要关注在桌面电脑或移动设备上运行的应用软件设计。用户体验设计师在设计智慧城市解决方案时需要像建筑师一样思考，从而获得对城市环境的整体理解。在建筑学中，任何新的干预措施，无论公园长凳还是新的高层建筑的尺度，都应该通过设计来认识现有的物理环境。建筑学专业的学生开始他们的工作室项目时不是画方案草图，而是研究站点和材料，这确保了他们在给出解决方案之前对物理位置有深刻理解。

考虑文化与社会的空间维度

　　对于智慧城市解决方案的用户体验设计，不仅要了解用户和他们的背景，也要了解包含了文化和社会维度的物理空间。建筑师吉尔（Gehl）协助世界各地重

生命   形态

图 16　城市的设计空间是由生命（人）和形态（物理、建筑环境）构成的

[基于盖尔（Gehl）建筑师的原始图表的图像][105]

新开发标志性场所，其中包含纽约时代广场，他将这种双重方法描述为"生命"和"形式"（图 16）。城市环境既包括生命（人），也包括形式（物理建筑环境）。因此，交互式城市应用应该在由这些维度组成的空间设计中运行。在文化和社会框架内，人们以适应自己的机会主义目标对城市景观进行调整。

　　不同的国家，不同的城市，文化和社会背景各不同。在一个语境中被文化和社会接受的方案在另一个环境中并不一定能获得成功。例如，在日本京都进行的一项研究发现，在火车站巡航的机器人被广泛接受，它可以提供有针对性的寻路支持。[106] 而在澳大利亚悉尼这样的城市，这是不太可能被公众接受的解决方案。在悉尼，交通组织更倾向于通过在高峰期增加人手来提供交通引导。

　　理解城市应用程序的问题和设计空间的复杂性。没有一个框架能够解释如何确保一个新的交互式城市应用是成功的，或者如何将一个语境中成功的干预措施复制到另一个环境中。例如，澳大利亚墨尔本联邦广场的城市屏幕是一个众所周知的项目，建造时使用了数字屏幕，成功地吸引了墨尔本市民在大型活动中聚集于此，比如澳大利亚总理凯文·拉德（Kevin Rudd）为失地一代的澳大利亚人道歉（图 17），2011 环法冠军卡德尔·埃文斯（Cadel Evans）凯旋。即使在内容编程相同的情况下，在其他地方的公共站点上部署完全相同的数字显示技术却具有不同的效果。城市空间流通人数的不同，城市空间设计，现有的商店、餐馆和咖啡馆都决定了这样的城市干预能否成功。

　　　　"我们面对的真正的问题和需要是什么？"

　　　　　　　　　　　——弗兰切斯卡·布里亚（Francesca Bria）

　　　　　　　　　　　（巴塞罗那市首席技术和数字创新官）[107]

城市空间以及城市文化和社会的多样性使得开发用于交互式城市应用的设计蓝本变得困难。因此，重要的是掌握什么时候使用什么样的方法以及如何使用，并以适合特定设计情况的方式构建该方法。本章论述了用多个维度定义城市应用程序的设计空间的方法。

图 17　位于澳大利亚墨尔本联邦广场精心设计的城市屏幕，可以配合城市的季节和活动，并吸引人们在重要活动时聚集于此
［图片来源：弗吉尼亚·默多克（Virginia Murdoch），flickr.com/photos/virginiam/2261163403/］

用户、居民和其他利益相关者

在体验设计中，设计产品的最终消费者通常被称为用户。这个概念也反映在常见的术语中，例如用户体验设计和以用户为中心的设计。

一些学者主张用"人"取代"用户"一词，由全球设计与咨询公司 IDEO 首创的"人本设计"这一短语，现在得到了更广泛的应用。事实上，IDEO 发布了以人为中心的设计工具包。[108]

在城市环境中，"人"一词可能被"居民"取代。当我们设计智慧城市解决方案时，我们需要考虑它们对所有居民（用户和非用户）的影响。然而，在城市应用程序的背景下，将"用户"作为城市应用程序设计的受众是合适的。从定义上看，城市应用程序涉及的用户，是路过应用空间的人。用户的概念也强调了城市应用是人的界面，而不是城市组织或治理机构。

从居民到积极用户的路径

在设计过程中，用户和其他利益相关者代表数据源，设计者可以通过数据源获得对设计的理解。在选择从用户和利益相关者中收集数据的方法之前，重要的是确定用户和利益相关者是谁以及他们与设计项目的关系是什么。在城市环境中，因为干预的公共性，这可能比其他软件项目更复杂，更不容易得知谁才是将与产品终端交互的用户。

毫无疑问，所有公民都参与城市干预。毕竟，他们利用城市空间来生活、工作和玩耍。但是他们同样通过交税费的方式为城市干预提供资金支持。因此，市民对公共空间拥有强烈所有权并不奇怪，如果不征求公众意见，擅自改变公共空间可能会产生负面影响。

并不是所有居民都是城市干预的用户，居民可以选择是否使用一个城市应用并保持作为用户的状态。事实上，这不是简单的从居民向用户的转变，而是让人

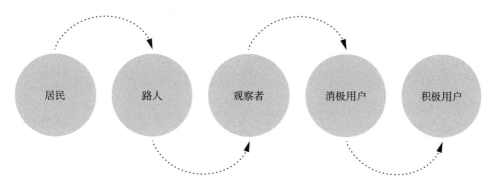

图 18　从居民到积极用户的路径

们进行不同程度参与的途径（图18）。

　　我们还需要区分居民和其他经过这个城市但不居住或工作在这个城市的人群，比如游客和其他来访者。居民会更关注城市干预的长期运行效果，然而对于短期的访客来说，什么都是新鲜的，因为他们只是短暂地参与城市生活，访客不具备居民作为主人翁的感觉。从这个意义上说，那些反复穿越环境而决定了其空间特质的人可以称之为特定环境的城市居民。由于他们与物理空间和空间中的元素反复互动，他们渐渐对此产生习惯。类似于热门网站对用户界面的重新设计，比如Facebook，会让它的用户产生愤怒和挫败感，城市环境的改变也会产生相似的效果，所以必须谨慎管理。

　　从居民到用户的路径可以作为框架用来从居民和访客群体中辨别利益相关者。理想的情况是，每个阶段的代表都被包括和考虑在设计过程中。基于数据的收集情况，各阶段也可以用来对研究的参与者进行分类。

　　居民和访客所承担的角色也会根据时间和其他语境因素而改变。他们可能在早上是市民，在午休时间成为用户。在下班回家的路上，他们可能是观察者，在星期日下午和家人再次路过时，他们是用户。

了解谁是利益相关者

　　利益相关者是"在一个系统中获得成败得失的个人或组织"。[109] 城市应用的公共性意味着有许多需要被考虑在内的利益相关者。这包括一些显而易见的团体，如市议会、道路立法部门、附近餐馆或商店的拥有者。但也需要考虑一些不太明显的利益相关者，比如每天早上五点打扫街道的工人，或者在大楼一角靠着外墙睡觉的无家可归者。

　　在设计交互式城市应用程序时，了解利益相关者是谁，比设计消费产品复杂得多，因为用户不必直接决定是否购买城市应用程序。如果城市应用程序以智能手机应用程序的形式出现，用户可以选择支付应用程序。不过，在很多情况下，人们希望有关公共服务的应用程序能够免费提供。例如，公共交通应用程序在许多城市都是免费的，因此需要结合其他融资模式。在许多情况下，这些应用程序的开发由公共交通管理局资助或支持，他们对人们使用实时信息应用程序负责。

如果城市应用程序嵌入建成环境中，例如行人交通灯和控制按钮，那么购买系统的决定完全取决于政府部门。每天与交通灯进行交互的人对这个过程没有任何投入，所以，在作出这样的购买决定时也不会征询他们的意见。相反，这些决定往往由成本、技术约束、立法要求和关键绩效指标驱动，例如减少繁忙交叉路口的行人碰撞次数。

与利益相关者共事

利益相关者可以是贯穿于设计过程的数据源，也可以是担任项目伙伴的角色。一些利益相关者可能同时承担这两个角色，因为他们积极参与项目，但也需要被视为潜在的用户。例如，公共交通环境中，公共交通管理局需要被积极纳入设计过程中，以确保干预的顺利进行。同时，公共交通管理局的工作人员可能受到干预的直接影响，因此在设计过程中需要向他们咨询，考虑他们的实际情况，以确保干预满足他们的需要。

当与公共利益相关者合作时，利益相关者代表会优先考虑他们自己的利益，这可能与项目目标冲突。例如，在一个专注于公共交通界面的项目中，我们的一个利益相关者是公共交通管理机构，当时正在推出一项新的乘客信息战略，我们从中获得了许多宝贵的意见，给干预措施的设计带来了启发。然而，在公共空间测试我们的干预时，政府担心他们推出的新乘客信息战略会受到干扰。最终，这意味着政府部门在项目的过程中从数据来源转变为管理者的角色。

因此，利益相关者的价值和作用随着时间的推移而变化，这意味着项目开始时的重要一步，不仅是创建利益相关者的静态地图，而且要考虑他们在整个项目及其阶段中的角色会如何演变（图19）。

寻找痛点

除了建立用户和其他利益相关者的需求外，设计研究是识别痛点的有效方法。痛点可以从个别方法中显现出来。例如，采访或观察的方法能够揭示人们体验日常生活的痛点。识别痛点可以为一个项目带来重要的机会。通过处理痛点，干预可以在人们的生活中产生真正的差异，因此，更有可能被用户和其他利益相关者

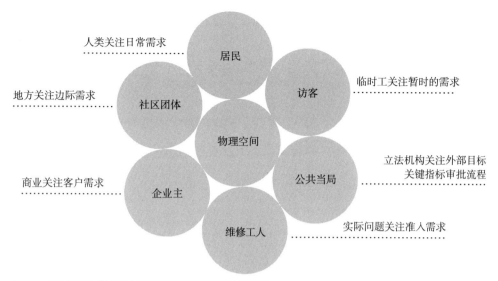

人类关注日常需求

临时工关注暂时的需求

地方关注边际需求

立法机构关注外部目标
关键指标审批流程

商业关注客户需求

实际问题关注准入需求

居民

访客

社区团体

物理空间

公共当局

企业主

维修工人

图19 设计交互式城市应用时需要考虑的利益相关者

接受。例如，公共交通出行中的痛点是购买车票。公共交通用户面临的挑战是，确定从哪里购买车票，怎样识别他们需要购买的车票类型，如何收取正确的货币数额等。许多城市推出了专用交通智能卡，消除了常规公交用户面临的一些挑战。然而，城市的访客仍然面临着类似的挑战，如确定购买智能卡和购买哪张卡。新加坡是首先使用非接触类信用卡或借记卡来支付公共交通费，并进一步降低这种痛点的复杂性的城市之一。

以人为中心的智慧城市解决痛点的方法也有可能导致行为的改变。例如，在新加坡，实施公共交通的非接触支付由该市的城市目标驱动，即到2020年使用公共交通的通勤者达到百分之七十。[110] 智能技术不但可以消除一些问题，例如人们使用公共交通工具变得更容易，它也带来了货币激励。电子车票的使用考虑到更智能的长途票价系统，这在新加坡为通勤者节省了票价。[111]

长期考虑

关注个人利益相关者和利益相关者群体的同时，更重要的是城市干预的大局和长期影响。城市应用程序的寿命可长可短，甚至可能跨越几个世纪，直接影响了后代如何在城市中利用城市应用程序及其服务并互动。因此，在这一过程中也要考虑人性，将后代作为利益相关者。虽然不可能直接从这些利益相关者群体中收集数据，但我们可以使用推测性设计方法如科幻原型来反思干预的长期影响。[112] 例如，设计过程应该考虑诸如污染、资源的使用以及对行为塑造的长期影响等因素。

物理环境

在建筑学中，学生（在完成他们的背景研究之后）必须确定他们设计干预的站点。根据项目简介中规定的要求和限制，搜索的站点可能局限于城市、郊区或者分区、街道和广场。在这种情况下，学生都必须访问站点，了解物理环境，这决定了设计干预的具体特点。他们使用多种方法来记录站点，从简单的照片面板到空间句法（空间构造分析的方法）等。[113, 114]

在以用户为中心的设计中，站点传统上是工作场所，如办公空间或医疗手术室。随着第三代界面的到来[115]，站点的概念被扩展到工作区域之外。随着数字技术开始进入我们生活的方方面面，了解人们使用这些技术的物理环境变得很有必要。

变换工作场所

在以用户为中心的设计中，两个事件推动了这一转变。第一个事件是将数字技术引入家庭环境，从游戏和娱乐应用到构建支持工具。与此同时，电子商务公司开始专注于家庭以外的电视机和媒体播放器的数字解决方案，从智能游戏控制器如微软 Kinect 的 Xbox，到智能家居助理如 Amazon 的 Alexa。

第二个事件是智能手机的到来。随着苹果 iPhone 2007 的发布和随后 App Store 的推出，人们突然能够在他们的口袋里随时携带数字数据，并从任何地方访问数据以及互联网的虚拟世界。这对数字技术和应用的设计有相当大的影响。人们不仅可以通过比台式电脑或笔记本电脑小得多的屏幕访问他们的信息，在乘坐火车或过街时也可以访问。

以用户为中心的设计领域响应了新挑战，引入了新方法，如语境设计。[116] 这些方法允许设计者在现场收集数据，产生一定的分析见解，形成设计解决方案。众多方法论中包含了人种学研究的方法，这种方法最初是为了人类学研究者从社会成员的角度观察社会。

在城市应用程序的背景下，人种学研究的方法支持设计师记录人和现有物体在物理环境中的相互作用。同样支持记录物理环境本身，例如空间的视觉特性，人们在空间中的流动，空间如何在一天中不同的时段发生变化等。

短暂的环境，使用的交互

城市环境与工作场所以及家的关键区别在于城市环境代表短暂停留的空间，人们为了心中的目的地而路过。比如在悉尼，有 40% 的人每天开车或乘坐公共交通通勤，剩下 60% 是学生、儿童的看护者或者退休的人留在家里，每天通勤的人因此成为用户群体中最大的一部分。他们通常需要到达工作、家或者一个娱乐目的地，比如附近的体育馆，并且会有意识地尽量减少在城市环境中的逗留时间。通过追踪 20 个人的行迹，发现通勤者的停留时间仅仅出现在等待公共交通时，在公共交通车上，等待行人交通信号灯或者等待咖啡的时候。研究进一步发现人们正在积极地试图减少他们的停留时间，比如通过计算他们到达巴士站的时间。

城市应用程序的设计有两个关键内涵。第一个内涵是，人与城市界面的交互高度实用。我们在一项研究中发现，如果一个城市应用程序没有提供任何明显的价值或益处，人们不会使用它。在悉尼大学信息技术学院的联合研究中，我们开发了一个大型的基于手势的信息系统，被称为媒体墙。为了展示学校的研究和教学，研究小组不得不考虑应用程序设计中外部自上而下的需求。但是，通过研究人们如何参与干预，我们发现大多数行人对了解学校的研究或教学并不感兴趣。外部需求产生的概念上的交互模型，与行人实际的关注点不匹配。有趣的是，人们合理使用交互式城市应用程序，并创建他们自己的概念交互模型，以便与他们自己的需求达成一致。[117] 在我们的研究案例中，我们观察到居住在这个空间的行人，比如，在附近剧院等待演出的时候，首先会把应用程序变成一个游戏，与以应用程序中框架形式表示的用户角色进行互动。

第二个内涵是，因为是偶然的、短暂的与城市应用程序的交互，人们将不能或不愿意学习操作复杂的界面。如果能够从应用程序中获益，表现则不一样。人们学习操作汽车的导航系统是因为经常使用它。以手机应用程序形式出现的城市应用程序，比如谷歌地图，如果人们将城市应用程序作为日常基础工具，就可以开发更加复杂的交互模式。但是，嵌入式的城市应用程序需要仔细考虑的一点是，人们只愿意花费有限的时间去学习使用城市环境的应用程序。如果学习操作界面的时间超过价值所得，除非迫于外部规定，不然人们会因为比较麻烦，而不去使用。停车计时器是一个很好的例子，可以用来说明工程师的思维设计的界面

（图 21 ）。大部分现代停车计时器的失败是因为他们忽略了这个事实，许多人只会偶尔在不同的环境下使用这个界面，比如在瓢泼大雨中或者炎炎烈日下，或者在匆忙中，被周围的事物分心的时候。

当涉及城市应用程序的时候，我们需要考虑和理解所有用户群体的需求和行为，我们需要考虑不能预测的使用者和使用行为。比如，游客可能更愿意停留在城市环境中，使用有交互信息的电话亭（图 22），特别是如果他们在旅行时没有携带智能手机。相比较而言，对所在城市某一部分不熟悉的市民，可能更愿意使用手机而不是停下来与一个触摸屏互动。其他人，比如流浪汉，可能没有移动设备或他们的设备没有互联网，只能依靠公共基础设施进行网络交流。

因此，理解和界定目标观众，并把他们的需求置于技术之前非常重要。目前在城市中推出的许多城市应用程序似乎将技术和其他限制因素置于用户需求之前。

空间、场所、街道和广场

建筑和城市设计学科区分了空间和地点，这是在设计交互式城市应用程序时理解物理背景的一个很实用的观点，空间通过物理建筑被界定。实际上一个城市

图 20　媒体墙项目是一个基于手势的信息系统，让路人了解关于悉尼大学信息技术学院的教学和研究的信息

［图片：克里斯·阿克德（Chris Ackad）］

的任何一个区域都构成了一个空间，因为它被设计并且以一种建造形式存在。一个场所通过在空间发生的活动来塑造，一个空间是否具有政治地理学家约翰·阿格纽（John Agnew）所说的"场所感"[118]，是通过人们的感知而不是空间本身来界定的。但是，建筑师和设计师在一定程度上控制了一个空间是否能够产生场所感。至少，他们能为这种感觉呈现的参数，与设计用户体验有相似之处。

场所感也会产生负面效应，比如唤起恐惧感。[119] 场所感通过人们与环境互动而产生，缺乏场所感的空间被认为是缺乏空间关联或不真实的。总之，对于城市应用程序的设计来说，理解部署干预的地方场所感，以及如何通过干预对这种感觉产生积极或消极的影响至关重要。

街道和广场的概念对识别空间特征来说非常有用，与人流密切相关。这种特征差别被用到交互式地板投影设计的人机互动研究中。[120] 街道作为城市通道，具有方向性，人们在街道中穿梭，这里通常没有或很少有供人们驻足的空间。广场是开敞空间，是人们聚集、社交、购物或者休息的场所，人们可以从任何方向靠近或进入。建筑街道和广场的设计可以为这些需求提供支持。例如，在人们停留和闲逛的地方会放置椅子，而道路不会出现杂乱的情况，以确保人群可以快速通过。

图21 英国伦敦的停车收费表。需要很多标签来解释它的功能，这表明这个停车收费表缺少以用户为中心的设计思维[图片：丹尼尔X·奥尼尔（Daniel X.O'Neil），fickr.com/photos/juggernautco/8313654855/]

图22 澳大利亚悉尼的一个交互信息的电话亭，帮助路人了解关于附近感兴趣的景点和地图信息

物质环境和文化环境

　　建造结构界定的空间实际形态被称为材料环境。建筑师通过建筑环境的设计为人们的生活打造物质环境。[121]人们如何看待建筑环境取决于他们在环境中的个人互动和行为。[122]为了理解城市应用程序的物理背景，我们可以把物质背景从它的文化和社会维度延伸到描述建筑装饰上，建筑装饰实际上塑造了空间的文化和社会内涵。[123]建筑装饰包括材料质量、美学、形式等，重要的是物质环境可以带

来非物质体验。[124]

与物质环境如何界定非物质体验类似，放置在城市环境中的人工制品会按一定方式引导人们的行为。例如，一条长凳能让人们坐下来流连忘返，一个障碍物需要人们走路时绕开。因此人工构筑物影响着公共空间还有被嵌入的文化环境。在我们的工作中，提出了"城市媒体环境"这个术语，来描述媒体制品的影响，比如城市屏幕、媒体立面，或其他对空间和人在空间中的行为的数字干预。[125] 要使干预获得成功并被接受，关键是了解空间现存的、历史的、文化的意义，以及设计干预如何影响或塑造这一意义。

城市媒体环境包括媒体制品，例如城市屏幕、媒体立面和个人移动装置，也包含其他人工构筑物，诸如建筑、汽车、交通信号灯、纪念物，城市家具等；还有由于人工构筑物引导人们的某种行为所产生的特定交互模型。

城市媒体环境的概念意味着从硬件向特定空间中更复杂的人工构筑物和交互网络转变。它强调公共空间的目标不是单独存在的，而是人工构筑物和城市居民日常交互协同演化的结果。这种相关性有一个暂时的维度，人工构筑物和交互持续更新换代，在这个背景下，城市媒体环境被认为是一种文化空间。[126] 这里的"文化"是指城市生活历史和进化的维度，由居住者和他们的行为、建筑、技术发展，以及长时间形成的城市生活及其发展的反思、理论和政治概念构成。

当人工构筑物开始决定一个环境中的交互模式，它们同时也是在环境中发生的一系列相互作用的结果或反映。例如，百货商店通常建在一个特定的地点，作为对该地区长期交易传统的回应，安装交通灯是事故发生在类似城市交通环境下的结果。同比一个特定位置的城市应用程序的设计，应该根据该位置的特点来引导，比如人在空间中行走的速度和方向。

有必要将城市应用程序的设计作为特定的单一制品来看待，并理解它们对整个城市环境的影响。城市媒体环境的设计策略包括评价方法、规划，以及评估特定城市环境的交互干预的长期效益。

"界定一个空间的过程包括对这个空间的整体理解——物理、社会、经济、文化、历史和政治影响，用户的行为和感知，以及现在和未来社区的需求和期望。"

——阿普里尔·麦凯布（April McCabe），
Place Partners 的高级场所
制造者[127]

搜集关于城市体验的数据

用户体验设计的短暂历史为设计师收集当前或未来数字产品和服务用户的数据提供了大量的研究方法。这一章节概述了可用于从用户、其他利益相关者和物质环境中收集数据的方法。

访谈与问卷

访谈和问卷调查是行业和学术研究中流行的工具，因为它们可以同时收集定性和定量数据。访谈和问卷的本质区别是，在访谈中，参与者提供口头回答。因此，采访是设计师和参与者之间的对话，能够捕捉那些很难通过问卷收集的故事经历。

一份问卷是一组书面问题，参与者提供书面答复。问卷可以是纸质的，也可以是电子的，电子问卷使用的工具主要是调查公司的软件产品，例如调查猴或谷歌表格等。虽然调查经常被用作问卷的同义词，但这两者有明显区别。调查的定义是通过提问来衡量一群人的意见或经历，问卷是搜集这些意见和经历的工具。[128]

访谈和问卷调查两者结合会取得良好的效果。问卷以一种低成本且节省时间的方式从大量参与者中收集数据。然而，要弄清楚问卷的答案是不容易的，尤其是以评分的形式。人们把较低的评价归因于某一经历的特殊方面，这表明与这一经历存在负面联系，但这无助于理解这样的负面经历的原因。通过收集数据来解决这个问题的方式是每个评分后面附加自由的文本字段，要求参与者解释他们的评分，这可以提供一些额外数据以帮助加深理解。访谈可以通过对话来引导，让设计师更深入地了解背后的问题和体验，设计师也可以通过提出后续问题来进一步了解答案。这很有价值，因为参与者并不总能意识到他们为什么会有某种特定的感觉，或者把一种经历与某种特定的情绪反应联系在一起。

重要的是，只有提出好的问题，才能获得好的数据。为了得到有用的数据，有必要提出正确的问题。问卷调查中不可能提出后续方案或澄清问题，所以尤其如此。因而重要的不只是设计问题——包含了设计问题的适用性原则[129]——而且把问题交给实际参与者之前也要进行测试。

在城市环境中进行访谈和问卷调查面临一些挑战。人们通常处于行动中，停下来完成一份纸质问卷的意愿很低，纸质问卷在城市环境中效果不佳。返回完整的问卷更是困难，他们有可能不会回到发放问卷的地方。因此，在线问卷是收集城市环境数据和在城市环境中取得经验的有效方法。然而，由于在线发布，更难收集与特定物理环境相关的本地化数据。因此，在线问卷的有效性取决于设计纲要以及它与特定物理环境的联系程度。

城市探查和公众之声

加利福尼亚大学的美国计算机科学家埃里克·保罗斯（Eric Paulos）和他的同事已经采用城市探查这个概念[130]，用于收集城市环境中的数据。文化探查最初是为了收集数据，这些数据不一定具有统计学上的代表性，但可以启发设计过程。[131] 文化探查的基础原则是，参与者可以在他们自己的空余时间内记录数据。这为人们的生活和行为活动提供了深刻的见解，超出了面对面交流或在线问卷收集的范围。文化探查可以采取一系列数据收集工具的形式，例如在背面附有说明的单反相机、带问题的明信片或带有贴纸的地图以识别城市内的区域（图 23）。每个探查都必须附带一个预先付费的、预先写好地址的信封，以简化返回设计团队的过程。

图 23　文化探查包括数据搜集工具，例如在背面附有说明的单反相机，参与者可以在他们自己的空余时间内填写
[图片：冈纳·博特纳比（Gunnar Bothner-By），flickr.com/photos/gcbb/ 3487623737/]

城市探查的概念将这种思想转化进城市环境中。保罗斯和他的同事们在城市环境中分发明信片，进行关于城市垃圾的研究项目，明信片的设计看起来像是有人忘记把它们放进邮箱里。通过明信片上的链接，研究人员可以追踪人们如何使用探查器。每张明信片都有一个独特的标识符，以便跟踪人们捡起它们并放入邮箱的地方——实际上是把明信片送回研究团队。城市探查过程的最后一个阶段是在城市环境中引入设计好的产品，它能够收集关于人们的反应和与部署产品交互的数据。

"通过对特定的城市活动、对象或地点进行深入、极端的观察，可以更真实地了解它在城市生活中的真正作用。"

——埃里克·保罗斯（Eric Paulos），城市计算研究者，汤姆·詹金斯（Tom Jenkins），设计师[132]

城市探查可以为那些在没有处于某种环境中而难以回答的问题提供答案，例如"这些场所的边界是什么？""入口和出口在哪里？""这个空间内部或跨空间的模式是什么？"[133]

这个案例中以明信片的形式，通过人们与明信片的互动来收集关于城市环境中特定地点的人们的活动和行为的隐含数据。使用明信片作为城市探查器的概念也可以用来收集问卷，人们在明信片上写完答案再放入邮箱。运用这种方法进行现场数据收集比用纸质调查更有效，因为它不仅允许参与者在自己的时间内决定参与过程，而且使过程变得更有趣。

Vox pops 是 Vox populi 的缩写，意思是"人民之声"，新闻行业中用来收集公众关注的问题的意见，是进行现场采访的一种有效形式。Vox pop 通常只涉及一个问题，而且持续时间很短——1 到 1.5 分钟，可以录制视频，也可以录制音频。在新闻界，答案串在一起，用来反映公众的意见。[134] 因为不需要占用参与者太多的时间，运用 Vox pops 方法在城市环境中更容易找到参与者。由于持续时间较短，收集数据有限，Vox pops 不一定具有代表性。

观察和背景调查

观察是城市用户体验设计的基本方法，不仅可以观察人们的行为，还可以观察人们如何与城市环境互动，如何在城市环境中行动。因此，通过观察收集的数据可以提供比访谈或问卷调查更深入的关于物质环境的见解。

长期以来，观察被用于社会科学研究，包括发展中国家的人种志研究和家庭环境中的相互作用。2003 年上映的挪威喜剧《厨房故事》以 20 世纪 50 年代为背景，很好地说明了采用观察法所遇到的挑战。在这部电影中，一名瑞典的研究人员接受的任务是，观察一名独居在挪威小镇的老人在厨房中的行为。故事情节中，有几个部分展示了观察者的存在和入侵如何影响参与者的自然行为。

因此，在城市环境中进行观察时，不影响空间内人们的自然行为很重要，本质上是退回到所谓的"在墙上飞"的方式。这种方式具有潜在的伦理意义，研究人员熟悉当地的文化习俗和伦理规范，这一点很重要。

用户的现场观察也是语境探查方法中的一种，构成了语境设计方法论的研究阶段。[135] 顾名思义，语境设计把设计产品应用的语境作为设计过程的中心。背景调查的目的是进行用户访谈。相比于传统的访谈，背景调查的访谈时间更长——通常约两小时，在用户正常活动时进行观察。这种方法经过特别开发，被用来搜集难以通过现场外访谈和问卷来获得的活动数据。在现场进行采访可以让设计师观察到其他时候很难捕捉到的活动或工作流的各个方面。

网上人种志

一个有用且低成本收集特定设计空间数据的方法是：分析人们在网络媒体上发布的数据。特别是可以公开访问的社交媒体平台，比如推特，就是一个了解目标受众的互动和挫折的好渠道。由于难以将目标受众与数以百万计的其他在线用户分开，这种方法的有效性取决于设计纲要。对于推特，两种可能的方法是使用标记作为搜索参数或者识别关键账户。这些关键账户没有必要跟一个特定的人联系。在许多情况下，跟踪一个组织运行的账户所发布和转发的帖子可以揭示关于目标受众的大量数据。

推特是人们公开表达他们不满的一个流行渠道。因此，在设计关注公共服务（如公共交通）的纲要时，网上人种志尤其有效。在这个案例中，使用标记和搜索项（如"巴士"或"火车"）可以快速地显示大量数据。同样地，可能有许多来自政府公共部门和社区团体的调解账户，提供了与设计纲要有关的额外数据和观点。然而，重要的是，通过网上人种志收集的数据不一定代表整个用户群体。因此，该方法得出的结论仅适用于研究平台上活跃的用户群体。

视频与影像资料

很显然，使用视频和影像资料是收集实体空间数据的方法。但令人惊讶的是，在以使用者为中心的设计研究进程中却很少使用视频和影像资料。原因可能在于，在传统以使用者为中心的设计中，实体空间发挥着并不十分重要的作用，而以使用者为中心的设计与城市应用程序相比，更多地关注电子产品。相比之下，建筑和城市规划学科更为重视视频和影像资料的使用。相片展板是在项目进程初期用于记录城市空间，将设计场景以及全球其他地区相似的建筑设计进行可视化的必不可少的部分，类似于平面造型设计中概念展板的作用。

美国城市学家、记者威廉 H. 怀特（William H.Whyte）的著作《小型城市空间的社会生活》（*The Social Life of Small Urban Space*）[136] 是使用视频记录和分析城市环境的著名案例。视频记录文件是与著作同名的 55 分钟配套影片。在这部影片中，怀特记录了人们在城市空间中的行为，用于识别人际互动与空间特征之间的关系。例如，他观察到街道角落引导"其他类型的活动……但人们仅仅是独自站在街道角落。生活在漩涡中，他们让一切都过去了，人们仅仅是站在那里。"

在今天，怀特的城市空间视频文件仍然是有价值的参考资料。视频和相册文件除了具有档案记录功能外，还可以用于捕捉现场数据，供日后分析使用，更重要的是可以将这些数据带回设计工作室。视频和影像可以用于与那些无法亲自到现场的其他组员和客户分享当时的观察情况，在这方面，视频和影像文件发挥着很重要的作用。

方法的选择取决于设计纲要和研究背景。在许多案例中，将不同的方法综合起来运用十分有必要，这些方法可以对所发现的现象进行三角分析，从而可以得到更加稳健可靠的见解。方法的选择同时也会随着项目阶段的变化而调整，因为大多数的方法在整个设计进程中都可以提供有用的工具。例如，在设计方案形成概念之前观察能够展现关于设计背景方面的有用数据，而且它也是一种有效的方法，用于观察被嵌入城市环境中的干扰因素，以理解人们如何与这一干扰因素互动以及这一干扰因素如何影响人类行为。

识别解决方案

许多方法、工具和技术之所以存在，是为了分析从使用者和其他利益相关者中获得的数据。根据数据的结构、格式以及它们的来源，不同的方法适用于不同的数据。

数据分析可以满足不同的目标要求。在学术研究中，它经常被用于证明一个假设，比如将新的设计与已用于基准情况下的现有设计进行对比分析。这一数据分析的方法要求对统计假设检验进行谨慎的选择和应用。分析方法的选择取决于数据的性质以及具体的研究问题。[137] 这些检验的运用依赖于在研究中控制所有变量的能力，否则很难推断出是哪一个变量引起了在数据中所观察到的影响。

为了带着理解设计背景的目的将数据弄清楚，这一统计分析方法使用的意义往往不大。然而，这一方法在识别新设计方案的类型、现有痛点以及使用时机等方面更有价值。因此，本章节的重点是定量分析方法，以便将包含有城市空间以及在此空间里生活和工作的人类信息的相关数据分析透彻。

数据准备

在前面章节中所描述的方法用于以访谈记录、问卷调查、观察记录、视频和影像资料的形式生成数据。例如，一个比较好的生成数据的方法是将收集到的数据可视化，以及将访谈记录转录或者是将通过问卷搜集到的数据整理成集合视图。

目前已出现越来越多的工具用于支持电子数据分析。例如，NVivo 是一种软件应用程序，可用于为视频记录编写注释，也可用于分析已转录的电子访谈数据。类似于 NVivo 的工具对于远程合作的团队尤其有用，因为这些工具可以将在不同地点分享电子文件的过程进行简化。

假如设计团队同地协作，使用印刷形式的数据将有利于分析进程。关于数据的可视化展示有利于分析进程的原因，举个例子来说明，将印制的图片来回移动以便展示实体设计背景的具体情况。与之类似的，访谈的录音文本被分割为单个的文本字节，随后以实体形式组织起来识别数据类型。印制形式的数据还可以通过直接在文本或者便利贴上做记录等方式进行快速和简单的注解。使用实体形式的数据展示可以潜在地提高对数据创造性的演绎，研究已证实，与使用固定内容的数据相比，使用实体材料可以产生更高水平的创造力。[138]

理解数据的一个有效方法是根据共同属性或者使用特征组织数据，例如，内容分析方法。[139] 在演绎式内容分析方法中，根据之前的研究或者是能够应用于手头数据的现有分类框架而将类别预先设定。在仔细浏览被转录的数据后，文本字节可以关联于其中一种类型。在归纳式的内容分析方法中，在浏览被转录数据的同时，类别也被创建起来。这一过程可以进行迭代重复，因为在分析进展过程中，类别可能需要进行修改或者被分成子类别。

对于演绎式和归纳式这两种内容分析方法来说，哪一种更合适，取决于数据、研究问题以及设计项目。使用预先存在的类别是一种更严密的方法，因为它遵循了现有的框架结构。另一方面，归纳式的内容分析方法能够解释出意想不到的类型，从而能够对设计空间产生更深入的理解和见地。

亲和力图表法是在使用者体验式设计规程中使用的方法，此种方法较之前方法正规化稍弱，但仍然高效。亲和力图表起初是环境设计方法论的一部分 [140]，但如今被普遍地与其他方法论结合起来使用。这一方法的优点在于可以将研究数据分解为单一的观察结果，包括来自访谈、问卷或者观察的数据被转化成记录在即时贴上的单个陈述。这一方法最初建议用第一人称陈述，以便从目标受众的角度观察已被识别的问题。

这一方法包括使用不同颜色的便利贴来记录观察结果，以作为对于不同层次的数据的诠释。第一层次的便利贴根据相似特征组织排列，第二层次的便利贴被下一层次的便利贴诠释，而下一层次的便利贴对这些便利贴上记录的见解进行总结（图 24）。这一过程可以重复多次，主要取决于所获得的数据量的大小。

无论以上过程是紧随其后还是随意安排，便利贴可以轻易地重新排列和组合，对于理清数据来说是一种有效的方法。这一过程同时伴随着将数据转换为观察结果，从而可以对数据进行深入介入，这也使得便利贴的使用成为设计研究中有效和风靡的方法。

而这一过程也可以转换成图片，图片可以根据相似特征进行组合并且用便利贴进行标记，以帮助识别关于图片的观察结果或具体细节。视频记录可用于展示实体环境，但也可以在回顾视频资料的过程中通过在便利贴上记录观察结果来对视频进行类似的分析。

图24　将数据分解为具体陈述可用于识别普通题材或主题，被描绘成亲和力图

将数据转换成设计工件

　　构建数据结构仅仅是第一步，尽管这一过程已经可以更好地理解并掌握数据。为了在设计过程中使用数据，非常有必要将这些数据以设计工件的形式进行捕捉，例如角色模型和故事脚本。阿兰·库珀（Alan Cooper）在他的重要著作《交互设计之路》（*The Inmates are Running the Asylum*）中首次介绍了角色模型，用于在软件设计中创造使用者原型。[141] 严格地说，这些使用者的原型是基于真实的使用者研究数据，这是最基本的，不然就是为虚构的使用者设计产品。理想情况下，角色模型以有形的、印制的方式呈现，以便在设计会议和团队讨论会中广泛使用。一个系统中，每项提议的特性都会根据已被识别的角色模型进行检测，从而确保这些特征促使角色模型完成它们的目标。

　　当针对城市环境进行设计时，角色模型的概念尤其有用，因为城市环境是由各种各样携带着潜在冲突目标的人所组成的。角色模型有助于识别这些目标并确保在公共空间中所有成员能够接受所提议的设计解决方案。有趣的是，这一理念似乎不能渗透到其他学科，比如建筑学和城市规划。在建筑设计中，通常会看到所提议的方案在呈现的同时伴随着理想市民所叠加的图像，而这些图像并不一定

图 25　一个研究用户的故事板，用于观察城市垃圾箱周围人们的行为

[图片作者：史蒂文·巴伊 / 伊万·申（Ivan Chen）/ 丹尼尔·黄（Daniel Huang）]

能够反映实体环境的真实情况，但有助于兜售一个想法。在所呈现的描述中，我们发现，诸如无家可归或制造混乱的滑板爱好者等被边缘化的人们，如何与所提出的景观融为一体。

　　角色模型也可以在故事板中塑造人物形象，以确保故事的真实性。设计过程中的这一阶段，故事板可以实事求是地描述周围情况，这有助于理解在特定情况下人们的行为和动机。如同角色模型一样，故事板非常适合捕捉在城市环境中所搜集到的数据（图 25）。例如，在澳大利亚的阿德莱德（Adelaide）使用这一方法将一个年轻创业者的日常互动形象化地表达出来。用于描写"克莱尔（Claire）的故事"的脚本引导了城市管理者去重新设计居民与政府的交互活动。[142]

从数据到构思过程

　　故事板也是一种有效的构思方法，即将数据转变为创意的过程。在设计思考过程中（图 10），构思是紧随理解、观察和发展观点之后的第四步。

　　构思包含头脑风暴或者在背景设计方法学中的"墙上行走"等方法。在背景设计方法学中，为了能够针对便利贴上所记录的观察、识别出的解决问题的方法，可以在一面亲和力图便签墙旁来回走动。而故事板可以将潜在的观点进行可视化

图26 一个构思故事板，阐述了可展望的未来场景，以发掘潜在解决方案
（图片：史蒂文·巴伊 / 伊万·申 / 丹尼尔·黄）

操作，而并不聚焦于某一解决方案的具体细节。取而代之的是，故事板能够挖掘设计解决方案的含义以及这一解决方案如何改变人们的行为以及与环境之间的关系（图26）。

　　创意的产生有时与创新相联系，因为在创新方案的设计过程中，构思是其中的一个步骤。格雷姆（Graham）和巴克曼（Bachmann）描述了九个不同的创意方法。[143]最简单的方法是"问题解决"，即是发现一个问题——比如以痛点的形式，并提出解决方案。对于城市环境有用的另一个方法是"艺术创新"，这一方法并未施加任何限制，建议不要把重点聚焦于干预的实用性。设计执行解决方案过程中的灵活性在某些情况下会产生偶发性创新，而在这种创新中，"艺术创新"会在不带有艺术意图的情况下产生解决问题的方案。[144]

理解城市体验的原则

基于在本章中探讨的理论、方法、技巧和案例，本章中列出的原则为理解城市干预下的设计空间提供了起点，主要聚焦于人们如何与城市干预进行互动。

定义干预的持久性水平

以城市应用软件形式存在的干预可以采取具有不同的持久性级别的表现形式。例如，它们可能被构思成一种在节日或公共艺术展览中展出的临时性艺术作品。它们也可能采取城市技术探查的形式[145, 146]，这一城市技术探查半永久地安装在城市环境中，以便能够搜集到如何与干预进行互动以及这种干预如何改变公共空间中成员的行为等信息。这些干预也可能是与辖区业主或地方议会合作开发的永久性设施，例如安装在公共广场的城市屏幕（图 17）。定义干预的类型及其持久性等级有助于定义其他设计参数并选择应用于设计过程中的合适方法和技术。

定义干预的目的

以各种城市应用软件形式出现的干预拥有不同的目的。使用城市应用软件最直接的目的是解决某一个已被识别的问题，通过应用这一软件能够改善在城市空间生活和工作的人们的体验。城市应用软件也可能被设计为带有刺激性，例如，可以通过有形的干预突出某个问题。这一方法的目的在于能够使得现有的问题得到公众和城市领导者的关注，同时也说明了将被采用的潜在解决方案的形式。在团队内部定义更高层次的内在目标也很重要。这些目标有可能是艺术议程的实现，或是以发表科学论文为目的的科学研究项目的实施，或是创业想法的概念证明，或者是商业设计简报的执行。

平衡智力资本和价值收益

人们应该在与城市应用程序进行交互中获得的好处和理解概念交互模型所需要投入的时间之间进行权衡。这一原则要求能够理解目标受众及其需求和背景。只有通过收集目标受众的数据，才有可能建立一个关于城市应用软件感知价值的清晰形象。而后，这些应用软件需要持续地在设计和原型阶段进行评估。如果不及早考虑这一原则，就会产生在应用软件上耗费大量的时间和资源但人们并不会使用的风险——比如复杂的信息终端，或者挫败感——例如停车计时器——这些挫败感会产生更大的连锁反应，人们会抱怨城市管理者将纳税人的钱投资到无法使用的基础设施上。

定义使用者和非使用者

识别谁是设计方案的预期使用者是在设计过程中必不可少的步骤。在城市环境中，这比大多数传统数字产品的设计更复杂，因为用户不是直接为城市应用软件付费的消费者。这也类似于一些网站，比如新闻网站或者社交媒体网络，它们涉及不同的用户和客户群体。如果网站的设计没有考虑到用户，人们就不会访问网站。相比之下，人们可能被迫使用可以提供基本服务的城市应用程序，比如计费停车。在城市环境中，用户群体也更加多元化和不可预测，城市应用程序的使用者可能包括任何经过公共空间的人。随着时间的推移，用户也会发生变化，因为人们在一天和一周的不同时间扮演着不同的角色（图 18 ）。考虑到城市干预的公共性质，考虑到非使用者也同样重要[147]：这些非使用者如何看待干预以及应用程序将如何影响他们在空间中的行为。

考虑其他利益相关者

干预措施位于公共空间中，考虑其他利益相关者对于城市干预尤其重要，因为它们不仅影响最终用户，还会影响其他对这一空间有共同利益的人，比如附近商店或餐厅的业主。这一原则还包括政府部门的参与，例如在设计过程中地方理事会代表的参与，以确保干预不与正在进行的公共倡议相冲突，并遵守任何适用的立法要求和批准程序。

理解用户、非用户和其他利益相关者的目标

定义用户、非用户和其他利益相关者以及他们与城市干预的潜在关系仅仅是第一步。一旦在设计项目的背景下对这些角色进行定义,下一步便是了解他们的目标。他们的目标是不是尽可能快地从 A 点到达 B 点,以寻找一个安静的地方来享受午餐和休息时间,寻找娱乐活动,还是试图在寒冷的冬夜找个地方睡觉呢?前几节中描述的研究方法可以用来指导这一过程,而后进行数据分析和诠释。这可能涉及在干预的实体环境中研究用户和已存在的数字技术之间的交互。这种关注能够揭示出一些有价值的见解,比如哪些方面有效,哪些方面无效,以及它们如何与人们的挫败感和其他决定城市用户体验的情绪联系在一起。然而,在这个阶段,重要的是不要让技术的可用性限制了理解设计解决方案机会的发展。与技术的结合也是设计过程中的一个关键步骤,但它发生在后期,也就是在设计开始通过构建原型呈现出具体形式的时候。

上述原则为城市应用程序设计过程的早期阶段提供了一个框架,但是它们也应该在整个项目中被重新访问。例如,随着项目从构思到设计和原型的成熟,用户和非用户的定义可能会发生变化。因此,在从理解用户及其当前体验转变到设计城市应用程序时,牢记以用户为中心的设计过程的迭代并确保有迭代的空间很重要。

03

设计数字体验

获取正确的设计干预

本书区分设计干预和预防干预。虽然这两者密切相关，但是它们有意识地分离释放了设计的技术限制。很多时候，团队中有人指出技术的复杂性或想法的不可能性，很快就会有好的想法被抹杀。将城市应用程序的设计和原型设计进行对话非常重要。设计影响技术的选择，就像技术的选择影响设计一样。

在完成设计阶段时，保留以用户为中心的设计思维方法非常重要。这意味着让用户处于设计决策的中心位置。诸如人物角色这样的设计构件贯彻了这一观点，因为它们是城市应用程序为其设计人物的有形表达。与以用户为中心的设计相比，技术驱动的设计始于特定的技术。通常是通过技术发展或发明而成为新兴技术，但在现实世界中没有明确定义的案例。

在我们的项目中，涉及与 NFC（近场通信）的一个研究工程部门合作。正是在 NFC 刚刚进入商业市场的时候，一些手机生产商将这项新技术整合到欧洲的产品中。我们的任务是使用这项新技术设计应用程序，属于一项大型研究计划的一部分，其主要目标是提高集成到手机中的 NFC 技术的安全性和可靠性。如果没有敏锐的设计背景，我们很难找到以实际用户需求为基础的相关应用程序。我们最终通过关注特定用户群——例如我们案例中的盲人和视力受损的人，通过了解他们的问题和风险来找到成功的方法。[148] 在那个阶段，我们完全将 NFC 作为设计过程中的技术。只有当我们对目标受众产生了深刻的理解并确定痛点——例如导航城市环境，我们才将这项技术带回到过程中。在整个项目中，我们始终在设计和原型设计之间保持相互对话，同时与目标受众的代表一起验证潜在解决方案。

智慧城市解决方案尤其倾向于采用技术驱动的设计方法。新兴技术被誉为智慧城市解决方案的支持者，将其置于智慧城市讨论的中心。因此，整个智慧城市的发展都围绕特定的技术。例如，韩国的松多区智慧城市开发将 NFC 视为未来的技术。人们的愿景是能够依附这项技术进入建筑物，支付公共交通和商店费用，甚至使用 NFC 访问回收站。但问题在于，当 Songdo 智慧城市系统建成时，NFC 已经是一种过时的技术。[149]

　　设计是获得正确的设计干预的途径，同时由原型设计来实现。[150] 理想情况下，本书中的设计和原型设计章节将是并行而非顺序呈现的。以用户为中心的设计流程经常涉及城市应用程序设计阶段的各步骤之间频繁的来回切换（图 14）。城市应用程序的设计阶段需要将了解当前城市使用经验的过程转化为未来的设计解决方案。

素描城市体验

每个设计都以草图开始，草图绘制用以探索想法及展现解决方案，而不必遵守技术的约束。绘制草图的过程不会产生高保真度的解决方案，但可以捕捉每个细节。设计过程中界面的高保真模型及其在城市环境中的表现占有一席之地，但是过早开始往往会在细节处迷失方向。

因此，草图绘制是启动设计阶段的有力方法，其粗糙度确保了重点仍然放在全局上以及潜在解决方案的各个组件如何与物理设计环境中的彼此还有其他现有实体相互作用。在设计过程的早期阶段，草图作为一种探查[151]形式，其价值在于它的模糊性。模糊不清代表了一种设计资源，它意味着唤起而不是指令，导致设计产生令人惊讶而不是显而易见的效果。[152]它还允许开放式解释，从而使更多的想法成为可能。设计的草图表现为可以把细节留给想象的草图。[153]

> "如果你想要最大限度地利用草图，你需要留下足够大的洞。"
>
> ——微软[154]的首席研究员比尔·巴克斯顿（Bill Buxton）

尽管计算设计工具越来越普遍，但建筑学科已经将草图作为设计过程的一部分使用了三百多年[155]，而草图仍然是建筑中的一个重要元素。大多数大学建筑学位的入门阶段仍然教授素描技能，有些大学甚至不允许学生在他们接受教育的第一年使用任何数字工具。草图在用户体验设计中起着同样重要的作用，因为它不仅支持对想法的探索，还支持设计概念的交流，即便是简单的草图也可以用来说明一个想法或概念（图 27）。

草绘好比对话

微软的首席研究员比尔·巴克斯顿（Bill Buxton）建议以素描的形式表

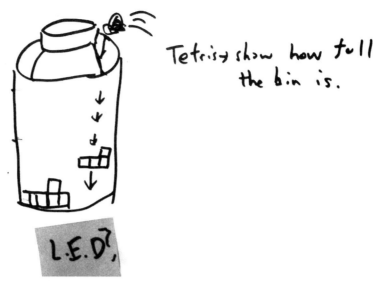

图 27 早期的草图说明了通过
游戏增加垃圾处理行为的想法，
后来导致了 TetraBIN 的干预
（图片：史蒂文·巴伊 / 伊万·申
/ 丹尼尔·黄）

达一个想法，鼓励草图和心灵之间的交流（图 28）。[156] 戴维·舍恩山（David Schöndes）将这种对话描述为"背对话"。[157] 当设计师将想法放在纸上或以其他形式的物理形式表现时，材料会与设计师交谈，从而激励设计师萌生出新的想法。

在设计过程的早期阶段，背景谈话通常用于建筑学科，其概念也类似于绘画过程，赫伯特·西蒙（Herbert Simon）将其描述为"画家与画布之间的循环互动"。[158] 绘画行为始于一个目标，通过画家和画布之间的对话逐渐改变和适应。

素描的行为可以出现意想不到的模式，这些模式被观察和处理，并入草图的下一个迭代中。这种"与设计情境材料的反思性对话"[159] 也称为情境反馈，用来表达设计者、应用材料和其他情境约束之间的反馈循环。

草图仍然是整个设计过程中的重要参考点，用于激发和告知设计用户界面和体验的细节。通过将它们放置在设计环境中（图 29），不仅可以查询它们，进行验证，而且还可以在项目进展停滞时进行咨询。

因此，剪贴板与原型设计根本不同。草图具有启发性和探索性，旨在以不明朗的态度提出和探索潜在解决方案。[160] 原型在设计过程的后期使用，代表了设计解决方案更具描述性、更精炼。

用代码草绘

草绘的行为不局限于使用铅笔和纸张。琼斯·洛格伦（Jonas Löwgren）是瑞典马尔默（Malmö）大学艺术与传播学院的交互设计教授和共同创始人，他提

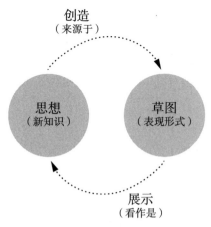

创造
（来源于）

思想
（新知识）

草图
（表现形式）

展示
（看作是）

图 28　草绘作为草图和头脑之间的对话
（基于比尔·巴克斯顿的原始图）

出草图作为一种设计思维方式，不局限于基于纸张的草图，还可以包括带代码的剪贴画。[①]

　　洛格伦和他的团队使用设计工具的低保真度案例作为一种表达思想的方式，而不将其锁定在规定的解决方案中。代码绘制草图可能涉及编写代码并将编译的代码用作与设计者对话的草图。它还可以包括结合编程硬件编写代码，例如，以草图的形式探索新的乐器。作为代码草图的工具的典型表现，允许设计者与工具进行探索性对话。

　　就像在纸上绘制草图一样，使用代码绘制草图有助于探索潜在设计解决方案的可能性。以编码草图的形式创造表现的行为，使设计师的观点变得更加理想，这导致了类似于建筑师"使用纸质草图"所观察到的情境反馈循环。在使用代码绘制草图时，重要的是不要迷失在编程环境的细节中。出于同样的原因，在纸上绘制草图比在 Photoshop 中绘制草图更有效。Photoshop 是用于创建高保真模型的强大工具，但其界面的复杂性将焦点从与材料的接合——草图，转移到与工具调色板、菜单和对话框的接合。

从草绘用户界面到草图体验

　　重要的是不要将草图的使用限制在用户界面上。在其他领域，使用诸如故事板之类的草图技术确保探索目标受众之间的交互——理想地通过人物角色表示，并提出设计解决方案。在第 02 章中介绍的故事板非常强大，因为它们包括了用户

---

① Processing（processing.org）是一种有效且常用的编程环境，用于创建快速代码草图，因为它具有非常低的编程开销。它最初由其创作者 Casey Reas 和 Benjamin Fry 构思，作为艺术家电子笔记本的工具。这个基础隐喻也通过其词汇表捕获，该词汇表将在程序中编写的 acode 文件描述为"草图"。

图29　在整个设计过程中，草图仍然是一个重要的参考点，可以激发并告知设计解决方案的细节
（图片来源：丹·希尔，cityofsound.com）

的物理背景和设计解决方案，这使得它们对于设计城市干预特别有价值。

　　有趣的是，故事板在架构中使用不多，可能因为传统架构大多是静态的。虽然建筑立面被描述为建筑物与周围环境相互作用的界面，但人们的存在和相互作用并不影响建筑物的物理描绘。城市应用程序本质上是动态的，它们的表达会根据人们的交互和行为而变化。

　　故事板最初是作为预视化动画或电影的技术而开发的。因此，它非常适合交互式产品的设计，其也涉及一系列图像，以说明通过产品创建的体验。如果有一系列用户和案例，每个案例都可以通过单独的故事板来表示，与动画或运动图片中的每个场景如何通过各个故事板来表示类似。

　　另一种用于城市干预设计的草图绘制技术是使用照片和描图纸。这种被称为"蒙太奇"的技术确保了设计在现有街景中的基础，同时通过叠加注释实现了对经验进行富有想象力的描绘。[161] 创建蒙太奇，支持在特定城市环境中可用数据源的创造性探索以及捕捉城市环境的其他方面（图30）。该技术还可用于熟悉设计解决方案，例如，在城市环境中草绘不同对象之间的对话。

图 30　通过在位于街景图像上方的描图纸上手绘，来探索现有的和推测性的数据源

（图片来源：丹·希尔，cityofsound.com）

通过小说勾画

　　潜在的设计解决方案的推测性表现和启示也可以通过简短的虚构故事来捕捉。虽然这些故事大多通过文字来表达，但它们也鼓励设计师和材料之间的对话。通过使用文字叙事来探索思想，成为设计师思想的有形表现，创造出情境反馈。虚构故事本身的写作是迭代的，它从想法开始，通过关键点的叙事表现形成结构，然后变成完整的故事。

　　通过设计小说[162]作为设计过程的一部分，可以使想法得到阐述，实现其情景化以及批判。虚构故事强调描述潜在用户的体验，而故事板和其他视觉素描技术则有可能将注意力转移到说明技术的过程或创新上。[163]

　　设计小说的意图是夸张的推测，而夸张的推测往往是因为新技术的变化而引起灾难导致的世界末日。这种框架使设计师能够摆脱我们所知道的世界上存在的任何技术或社会限制。

根据英特尔未来学家布赖恩·戴维·约翰逊（Brian David Johnson）的说法，小说的力量是将他们描绘的一些想法带回到现在，为真实产品的发展提供信息。[164] AtIntel，使用科幻原型，也可以采用故事板或短片的形式，是新电子芯片设计的一个重要方面。从研究实验室到消费者市场，新电子芯片需要大约 15 到 20 年的时间。因此，英特尔使用科幻原型作为了解消费者在 15 到 20 年内对芯片的需求的方式之一。[165]

"科幻小说为我们提供了一种语言，我们可以就未来进行对话。"

——布赖恩·戴维·约翰逊，Intel166 的未来学家[166]

设计城市用户界面

在人机交互中，用户界面被定义为促进人（用户）和数字产品交互的输入和输出控制。通常数字产品的用户界面由数字和物理组件组成。台式计算机的用户界面包括作为指点设备的鼠标用于文本输入的键盘，以及允许用户向软件程序提供输入（例如，通过输入字段）的一系列图形用户界面（GUI）元素。用户界面设计，如人机交互，源于人为因素领域，涉及非数字控制的设计，如飞机上的杠杆和按钮。[167]

过去十年里，用户界面的重点已经从设计物理接口变为设计虚拟接口，从而导致新的设计趋势。例如，平面设计被引入以取代拟物化设计，该设计在早期的台式计算机和智能手机中使用，以使虚拟元素具有类似于现实世界中的对象的外观和感觉。德国工业设计师和发明家哈特穆特·埃斯林格尔（Hartmut Esslinger）1982 年提出了 Apple 的设计策略，在一次公开演讲中他解释说，今天的设计者不知道如何设计数字产品的物理接口。实际上，无处不在的基于触摸的接口几乎消除了对计算接口中物理用户界面组件的需求。今天的智能手机仅提供映射到功能的少量物理按钮，例如以音量控制和激活主屏幕。

城市探查和用户界面视频原型

尽管有新的用户界面范例，例如虚拟计算和物联网的支撑，但用户体验设计行业仍然主要关注数字接口，例如网站和移动应用。网络和移动设计的主导地位不仅体现在物联网接口上的枷锁，而且还体现在将其设计语言转换为公共接口，例如，在大型交互式屏幕的形式中。因此，公共界面通常看起来像网站，即使它们是在大屏幕上实现。这可能是因为设计师在他们的台式机或笔记本电脑上构思接口，屏幕空间要小得多，并通过鼠标或笔记本电脑进行交互。因此，公共界面的设计的特点为：倾向于使用大量文本，触摸条目太小，布局过于紧凑，并且颜色调色板与网络世界相匹配，而不是试图适应熙熙攘攘的城市环境。

因此，在设计城市应用程序时，在目标环境中以实际比例对其进行测试更为重要。可以用于实现此目的的两种技术是城市探查和用户界面视频原型。在最简单的形式中，城市探查涉及以一对一的比例表示用户界面，并将其暂时粘贴到建筑环境中（图 31）。根据设计概念，城市探查还可能涉及创建物理模型并将其带入城市环境中（图 32）。

要创建用户界面视频原型，可以运用这项技术让演员扮演用户角色并与草绘界面交互相结合。最终用户界面的视频原型储存器用于记录设计解决方案并将其传达给其他利益相关者。使用演员并记录他们的交互也可以对想法及其细节进行初步评估，例如，人们如何与界面交互，他们是否能够响应界面中的所有元素等。

非嵌入式的城市类应用及其用户界面

并不是所有包含用户界面的城市类应用都能嵌入建筑环境中。城市类应用通常也以智能手机或者智能手表的形式出现，尤其是在城市环境中。在这些情况下，城市类应用的设计也要遵循那些为手机应用和图像用户界面设计的指导原则。

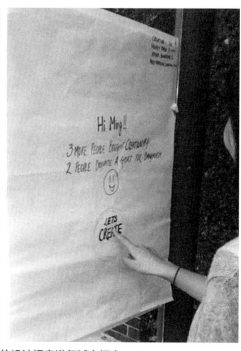

图 31　通过将城市应用置于城市环境中，为学生的设计提案进行城市探查
[图片：阿比鲁奇·奇卡拉（Abhiruchi Chhikara），悉尼大学交互设计与电子艺术硕士，2014]

图 32　由 raumlaborberlin 促进的澳大利亚悉尼研讨会期间的物理结构的城市探查

[图片来源：卢克·赫斯帕诺（Luke Hespanhol）]

　　然而，这些设计需要考虑现实环境，设计理念需要在城市环境中进行检验。我们为澳大利亚悉尼的公交车乘客设计了一款叫"What The Bus"的手机应用，[168] 这款应用包含了公交车到达时间等信息，便于人们记录、分享、检索。这款应用的构思产生在公交真实的信息尚不可得的时期，因为该项目打算基于公交通勤者收集相关信息。

　　在开始这项设计前，我们通过在线问卷和在悉尼公交车站现场观察的方式收集公交车用户的数据。用户界面的设计基于用户调研数据，考虑了人们在车站等车和上车时的行为。根据人们的描述，在公共汽车站等候会令人沮丧和无聊。因此，该应用程序支持人们频繁查看并反复记录公交车是否到达。这相当于给了一个记录他们沮丧情绪的出口，同时也让他们在等车的时候有事可做。相反，上车时的情况比较紧张——人们需要支付或者验证他们的车票，找到座位，这都将分散和削弱他们与应用交互时的注意力和能力。因此，上车后的输入方式，包括记录公交车的入座率，必须快速、简单，最好是用选项模式。

　　如果不考虑现实环境和城市环境中人们的行为，应用程序的设计将不会产生同样的结果。对用户的调研过程中我们发现的问题决定了用户界面及其特点，最终塑造了人们使用应用的体验。在构建功能原型以前，需要经过绘制草图以及创建模型等设计流程（图 33）。

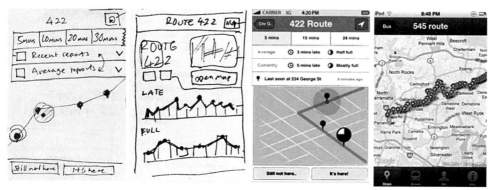

图 33 "What The Bus" 的不同设计方案
［图片：塔玛拉·沙欣（Tamara Chahine）］

嵌入式城市应用的用户界面

嵌入现实建成环境的城市应用，通常以数字显示的形式，或者加载到建筑物中。无论采用哪种形式，用户界面都需要仔细考虑并补充建成环境的视觉特性。拥有电子显示屏的城市应用有一个定义好的画布，这使表达界面更灵活。与移动应用程序相比，这些电子屏应用的大小规格可能不同，而且是固定的，这意味着用户在进行交互应用时无法将它们握在手中。于是需要对一些方面进行更加仔细的考虑，比如目标人群的身高，在考虑一般成年人的同时，还需要考虑儿童、坐轮椅的人等。传感器也需要根据用户的身体特性和能力对用户界面进行自动调整。[169]

StreetPong（图 6）是一款使用数字显示作为其用户界面的城市应用。设计者必须考虑界面如何适应环境，最重要的是对交通信号按钮的替代，以及不同高度的人如何与之交互。StreetPong 简化交互过程，使得不同高度的人都可以通过一个手指操作开关，与应用进行交互。

嵌入式的城市应用不一定都要有电子显示屏；交互也可以通过用户看不到的形式，以静态的模式嵌入背景中。邻居计分板（图 7）由液态黑板构成，根据属于用户界面的电子读数器手动更新，但是对用户不可见。设计师发挥了将数据翻译到黑板的功能。

"Urban screens"（图 17）使用类似 StreetPong 的方法嵌入用户交互，但是和邻居计分板一样体量更大。通常很难获得早期设计的测试权限，因此在正确的交互尺度上，设计交互元素并非易事，这都为他们的设计带来了挑战。参考 Urban screens 使用的技术，可能会出现由于屏幕颜色变得不同从而使得部分要素消失或者难以读取的现象。因此，该设计必须考虑大小、显示技术以及太阳炫光等周围环境的影响。

图 34　简单挥手等手势再加上空间定位，能使人们与远距离之外的大型城市电子屏互动。图中在对"是否"问题进行投票

混合的城市应用界面

　　因为他们的尺寸关系，人们很难甚至不可能直接与城市屏幕互动。相反，可以使用手势设计远距离交互模式，这些手势映射到用户界面中的特定功能。例如，手势可以用于对是非问题进行投票（图 34），或者允许路人浏览分层数据（图 20）。

　　另一种方法是为远程接口提供的移动应用程序。这可以是人们在自己的手机

图 35　The Air Tonight 是一个临时干预的应用，允许人们在社交媒体上标记"# 无家可归者"的标签，对加拿大多伦多 Ryerson 影像中心的媒体外观进行可视化（左）
（图片：公共可视化工作室）

图 36　使用城市屏幕播放周边实时视频，吸引用户关注输入设备，图中为安装在支架上的平板（右）

上运行的应用程序或网站（图 35），也可以是放置在城市屏幕前的类似公用电话亭的界面。设计这种混合界面的主要作用是告诉用户这些不同的界面都是相同体验的一部分。在"边走边投票"（Vote As You Go）项目中，我们发现（以平板电脑的形式）使用远程输入界面的实时视频是在输入设备和城市屏幕之间创建连接的有效方式。实时视频通过在城市屏幕上显示用户输入的可视化过程，放大了交互空间，也使得人们更容易注意到输入设备（图 36）。

远程输入设备也可以采用物理接口的形式。例如，巴西圣保罗 Galeria de Arte Digital 实施的智慧公民情绪感知板项目涉及大规模可视化显示汇总结果。[170] 人可以在界面拨号并刷 RFID 卡，如公共交通卡，对环境、流动性、安全性、住房、公共空间五个不同的问题投票。然后将汇总的数据显示在媒体立面上，用来可视化城市的整体情绪，并突出政府公共部门可能需要注意的关键领域（图 37）。

不可见的用户界面

并不是所有的城市应用程序都需要一个界面。城市应用程序也可以采用智能手机或智能手表应用程序的形式，专门设计以用于城市环境。在某些情况下，界面可能完全嵌入在一个不可见控件的环境中。比如，21 Balançoires installation（图 5）使用预先存在的空间——swings——作为输入端，将其转换为声音反馈。

这种方法也可以转化为在城市环境中增强人们现有的行为。例如，通过人们在空间的移动控制界面输出。在 TetraBIN 项目（图 43）中，将垃圾倒入垃圾桶的行为为人们提供了一种与城市应用互动的方式。垃圾桶周围的 LED 屏幕作为输出组件，将人们的互动可视化。这里，界面的输入组件是不可见的，它增强了已经存在的交互效果。

设计用户界面的可用性

为了保证城市应用的可用性，遵守界面设计的原则和指导方针非常重要。[171] 但是这些指导原则通常相互矛盾，最终由设计师决定将哪一条指导方针整合到设计过程中。理想情况下，这个选择的过程应该从研究中得到启发。按照驱动的方法设计的用户界面，其可用性往往不如按照用户驱动的方法设计的界面。

举例来说，交通信号灯按钮的设计通常由技术驱动。交通信号灯是城市应用的最初的案例，最初的信号灯主要基于时间触发。而现在，交通信号灯能够对交通进行反馈，比如说根据嵌入道路的传感器，或者允许直接通过按钮的方式操控。

交通信号灯的案例是一个相对简单的系统。它们最主要的特点是通过一个按钮输入，用信号灯作为反馈。但是，通常因为需要允许一些技术细节，比如对天气的适应以及防腐等原因，有时候它们无法给行人提供一个直观的界面。奥地利维也纳的设施，通过使用触摸感应的按钮设计来实现这一点，这在当时是一项创新技术，以确保按钮与隐藏在按钮后面的设备的外壳齐平（图 38）。虽然这个设计

图37 智慧市民情绪仪表板是一个交互式装置，能可视化圣保罗市民的情绪。人们可以通过物理控制仪表板与安装进行交互
[图片：尼娜·瓦尔卡诺娃（Nina Valkanova）和莫里茨·贝伦斯（Moritz Behrens）]

成功地阻止了雨水或湿气进入设备，但它违反了可见性的原则，即唐纳德·诺曼（Donald Norman）在他的书《日常事物的设计》（*The Design of Everyday Things*）中描述的一个物体的感知和实际属性，它决定了该物体被使用的可能性。[172] 平面按钮的设计意味着人们不能识别它是按钮，由于失去了它的可见性的特点，反而可能仅仅被看作一个印刷标签。

图 39 提供了一个可视性更加清晰的交通灯按钮设备。通过设计一个延伸到按钮之外的小金属盖子，解决了系统被雨水破坏的威胁。其他比如澳大利亚城市里使用的设备，将外壳和技术内部隔离起来，不让用户看到。从用户体验的角度来看，如何平衡技术需求和可用性非常重要。

另一个重要的可用性考虑是提供关于用户交互的反馈。斯德哥尔摩使用的按钮是一个伟大的设计，因为它不仅提供清晰的可视性，而且只要按下按钮，就会立即启动光反馈。维也纳的按钮还包括一个反馈机制，在设备底部有一盏灯照亮

图 38　奥地利维也纳的这个红绿灯按钮由于可用性极低，其有效性大打折扣。用来反馈的灯看起来像一个按钮，人们总是尝试去按它，而真正的按钮仅像一个标签

图39 在瑞典的斯德哥尔摩发现的一个带有清晰的物理按钮和反馈光设计的红绿灯按钮

上面的字：请等候。这是一个聪明的设计，因为反馈不仅告诉用户已经收到他们的行为，而且还告诉用户下一步该做什么。但是，如果反馈显示的形式因素不合适，再加上按钮的可见性不足，这个设计就会失败。不仔细看的话，设备上方的反馈显示，确实看起来更像一个按钮，从而忽视了真正的圆形按钮。仔细观察就会发现，很多人拼命地想要按下反馈显示键，他们认为这才是按钮，这甚至导致了大多数反馈信息被擦除。

如果没有反馈，用户会反复按按钮，以确保他们的按钮已经被系统接受。同时反馈也将系统的状态传达给其他人。例如，如果人们到达一个十字路口，反馈灯会让他们得到信息——已经有人按下了按钮。

用户界面检验

设计原则，如可见性和反馈机制，以及指导方针，也可以用于设计项目的早期阶段，用来评估界面。例如，使用探查式的评估技术。[173] 定期测试用户界面对于确保它符合设计概要中设定的目标和在研究阶段确定的目标至关重要，同时保证其直观和易使用。测试包括以专家为中心的方法，如探索式评估或城市探查，以及以用户为中心的评估方法。（*Interaction Design：Beyond Human—Computer Interaction*）《交互设计：超越人机交互》一书中对此做了很好的概述。[174] 在第 04 章中描述的用于测试城市应用程序原型的一些方法也可以用于测试设计。

材料的保真性

用户界面的设计不再局限于数字字节及其在屏幕上的表示。在许多情况下，为城市环境中的数字体验进行设计还涉及体验发生时现实环境的设计等方面。安装电视屏幕作为公共显示器甚至将从根本上改变现实空间。因此，设计过程不仅需要关注电视屏幕上显示的数字内容，还要考虑实践方面的问题，比如如何安装屏幕；美学方面的问题，如屏幕作为人工构筑物如何融入现有的现实空间；社会方面，如交互效果如何影响人们在空间中的行为。

因此，在现实空间中，设计数字界面与设计传统用户界面和传统用户界面（如网站或移动应用程序）相比，会面临更多的挑战。由于人们在现实环境中使用移动应用程序，在移动过程中，现实环境通常已经是移动应用程序的重要考虑因素[175]；然而，智能手机仍然被明确定义为数字画布。在设计城市应用程序时，有必要将眼光放远，不能局限于仅看作一个画布，需要仔细考虑并确认底层的物理结构。

从二进制到元素

材料在人机交互设计中的作用已经通过物理计算（又称有形计算）领域进行了研究[176]，在很大程度上为物联网的到来奠定了基础。有形计算提出了从设计二进制到设计元素的转变。换句话说，有形计算建议使用物理对象作为输入控件。在某些情况下，物理对象也表示输出。例如，在达雷尔·毕晓普（Durrell Bishop）的弹球响应机概念中，弹球被用于代表信息的数量，但它们也允许用户触发某个特定动作，如将弹球放回专用的电话上表示回拨（图40）。[177]

对于移动计算应用程序，材料的选择很重要，因为它决定了与数字信息交互的质量。例如，用红木表示留在弹球答录机上的语音信息，与使用弹球相比，其质量会有很大的不同。材料的选择也会影响人们如何对待物理对象以及他们与信息对象的关系。

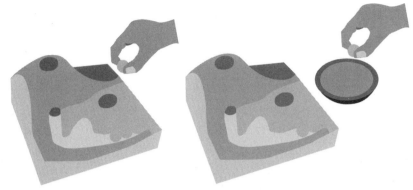

图40 弹球答录机的概念简化了 20 世纪 90 年代使用的复杂的答录机用户界面，通过弹球表示语音信息。每个弹球代表一个信息。把弹珠放在一个专门的点上回放信息，把它放在电话上，即拨出留言人的电话号码

（图片来自达雷尔·毕晓普的原始插图）

城市应用中材料的作用

城市应用中，材料的选择也决定了用户的整体体验。然而，大多数城市应用程序中，这是在本能层面而非触觉层面发生的。材料的选择决定了用户体验的一个重要因素——美学体验。[178] 同时，反过来也会影响应用的表现。[179]

这里所说的材料的选择不仅指物理材料，例如固定电视屏幕的框架，而且将电子屏本身作为材料考虑也非常必要。高分辨率等离子屏幕能够提供与低分辨率 LED 屏幕或高清投影不同的体验。多数情况下，基于可用性、成本或技术限制选择数字屏幕技术，而忽略了对用户体验的影响，从而忽略了用户对干预的接受。

材料选择的重要性已经在物理计算中得到了研究，并长期在工业设计中发挥作用。[180] 然而，把数字屏幕看作一种材料的概念仍然没有得到相应的重视。传统观念中，人机交互领域只关注屏幕上显示的内容，一些人仍然认为底层技术不影响人与基于显示的系统之间的交互。其中一个挑战是，材料的选择对人们互动的影响难以量化。这种影响尽管可能停留在情感层面上，但仍然会对人们是否接受新的干预产生影响。

唐纳德·诺曼（Donald Norman）在他的《情感设计》（*Emotional Design*）[181] 一书中解释了他（和许多人一样）最初并没有意识到 20 世纪 80 年代初被引入的彩色电脑显示器取代常见的黑白屏幕的重要价值。毕竟，他认为，电脑是功能性的，不管内容是灰色还是全色显示，它们的功能都是一样的。正如他在书中所说，"从认知的角度来看，彩色也没有增加黑白不能提供的价值。"尽管如此，商家们还是继续购买价格更高的彩色显示器，诺曼将其归因于人们在与屏幕互动时的情绪反应。

内在反应材料

确定数字接口在细节上也需要考虑接口如何与此相适应的物理背景。如果界面很好地集成，它会传达一种自然的嵌入感，可以确保人们在物理空间内接受它的位置和功能。如前所述，这种情况最常见于不考虑预估而快速做出决定的内在层面。就像所有的内在反应一样，我们的判断是由先前的经验决定的。[182] 例如，如果公共空间中的LCD屏幕主要用于广告，那么这种屏幕形式自然将与广告相关联，即使它们用于显示用户背景信息。这种现象被称为"显示失明"。[183]

人的内在反应是由复杂的信号和关联系统形成的，所有这些都在几毫秒内由我们的大脑处理。因此，即使显示器本身与广告相关联，使用诸如声音和移动之类的其他感觉信号也可以有效吸引人们的注意力。[184] 然而，"显示失明"的解决方案并不是通过声音和动作而强有力地吸引人们的注意力。通常，更为根本的问题是人们总是忽略城市互动应用：可能对内容不感兴趣，或者它可能不适合人在特定时刻的需求和情况。人的认知处理机制在筛选不相关的信息方面非常出色，并能够吸引人对于眼下特定任务可能有价值信息的注意。

例如，如果人们依靠外部来源了解时间，他们就会擅于发现公共钟表。如果人们有通过个人设备（如手表或智能手机）持续了解时间的方式，他们就不太可能注意到公共钟表的存在。

材料保真度与技术选择

确定材料保真度与技术的选择是相互关联的，例如基于含有城市应用程序的屏幕显示技术。在我们的研究项目中，我们总是对内容（数字用户接口）和显示材料（物理用户接口）的选择给予同样程度的重视。与数字用户界面的设计一样，显示材料的选择需要对设计内容有透彻的理解，包括物理环境和潜在用户的人口、需求和愿望。它还需要通过迭代和实验来确定不同显示材料的效果。

例如，"共享您的电力"项目涉及民用住宅的公共电力反馈显示器设计，在接地和实验过程中我们还使用了机械翻转点阵屏。机械翻转点阵屏基于机械系统，该机械系统使用机电控制的物理盘来显示黑点或白点（图41）。我们评估了其他几种可能的模型后选择了这种技术，评估模型包括从小型LCD到定制矩阵型LED。与其他选项相比，机械翻转点阵屏显示器具有几个优点：（1）复古的外观使它们成为有趣材料，与住宅前花园的美学互补；（2）显示系统的低分辨率和单色显示器增加了整体美观性，使其看起来像是精心设计的而不是广告（与LCD相关联）；（3）系统的整体实验改变内容时产生点击声音；（4）该技术是高能效的，因为它

图41　在"共享您的电力"项目中使用的机械翻转点阵屏。像素由电子机械控制的黑色和白色点表示。显示器的材料特性与介质环境和研究目标相匹配

仅抽取用于改变显示内容的电力来支持研究的目标。

　　我们评估了这个项目中潜在的显示元素，包括分辨率、大小、长宽比、视觉外观（包括白天的可见度）和文化关联。针对项目背景附加的元素是功耗，重要的是确保研究参与者以及路人能够接受。因此，有必要对潜在的技术候选者进行整体评估以确定最能支持项目目标的技术。上述元素可以同等地加权，或者如果其中一方面比其他方面更加重要（例如在本例中的功耗），则可以更多地加权相应的元素并在确定技术中发挥更重要的作用。

　　分辨率在我们的案例中扮演了次要角色，但是它影响了内容设计，更具体地说影响了数据可视化。尺寸和纵横比在一定程度上受技术规范和预算约束的驱动。然而，最终的形状因素（在这些约束范围内）用来补充我们安装防御地区的民用住宅的前花园。为了确定外观形状，我们观察了其他安装在前花园中的典型物品。特别值得提出的是，我们感兴趣的前花园和人行道之间的界面，作为一个公共空间，它通常由人工构筑物（如花盆、鸟舍和邮箱）组成。因此，我们最初的模型利用了这些对象的形状特征和视觉外观，最终使得我们在最后干预中设计成类似于花盆的形状。最重要的是，我们将这种类比保持抽象，而不是字面解释。

082

物质材料选择与情感反应

　　材料保真度的选择也与显示器的位置相关联。在以前的研究中，我们使用了较大的显示器实现街道上的电力消费可视化。[185] 如第 01 章所述，我们选择 Corflute 作为材料，因为它是一种轻量级的、可持续的材料，允许我们使用类似于黑板的视觉美学去更新内容的解决方案。当我们从 Corflute 发展到翻转点时，我们首先尝试了多种变化使显示器仍然位于前立面（图 42）。然而，翻转点显示的特性和形状特征最终导致被安装在面向人行道的栅栏上。

　　使用 Corflute 和液体粉笔作为显示材料触发了人们对过去经验中的黑板的联想。在其他情况下也使用黑板来显示手动更新的内容，从而利用那些文化关联，这有助于形成人们与干预形成的关系。许多研究参与者将显示描述为好玩和有趣，即使他们展示的内容是抽象的，并且通常与好玩和有趣的情绪无关。虽然我们无法收集到 Corflute 和 LCD 相比的经验数据，但即使显示相同的内容，LCD 也可能会在我们的研究参与者中引发不同的联想和情绪。

图 42　早期模拟测试在家庭建筑正立面放置机械翻转点阵屏
[插图：斯特凡妮·弗林（Stephanie Flynn）和希瑟·麦金农（Heather McKinnon）]

物理和数字用户界面的集成

　　许多城市应用软件包括物理和数字用户界面。交通灯按钮（图 39）具有物理输入部件（按钮）和数字输出方式（光信号）。在 21 巴兰广场项目（图 5）中，秋千本身由蹬板和悬挂结构组成，作为一种物理输入的同时，以声音的形式触发数字输入。Tetra BIN（图 43）以垃圾被丢入垃圾箱的形式进行物理输入，并将此操作转换为显示在垃圾箱周围的 LED 显示器上的数字输出。

图 43　Tetra BIN 结合了物理和数字用户界面：将垃圾放入垃圾箱的物理行为显示在围绕垃圾箱的 LED 显示器形成的数字画布上

定义物理数字用户接口

定义物理和数字接口不仅要解决设计物理用户界面所提出的挑战，这一挑战包括材料选择，还需要仔细考虑接口的物理和数字部分的集成。我们需要将物理部分和数字部分看作独立的组件，每个组件都需要以其自身的方式仔细设计以及考虑如何让它们相互关联。

对于如何确定数字用户界面，以及如何将其与物理用户界面分开，有一个简单的规则。本质上，物理用户界面是切断电源后剩下的一切，或者对于诸如共享电源项目（图41）中使用的机械翻转点阵屏之类的机电接口，这意味着要手动关闭所有像素。数字用户界面是打开电源或切换像素时工作的，在某些情况下，这两个用户界面可以紧密集成，因此它们实际上占据相同的物理资源。

城市媒体的兴起

设计城市应用软件并非简单地将防水外壳中的离子屏幕粘贴在城市设施的表面上。不幸的是，因为LCD（以及越来越多的等离子）屏幕很容易获得并且它们的成本迅速降低，这种现象似乎已经成为惯例。对于如何将数字用户界面以何种方式应用到物理环境中，我们仍然缺乏理解。在某种程度上，这让人想起了早期的网络，充斥着没有设计过的网站，这些网站遍布着以GIF形式出现的跳舞香蕉的动图。人们不仅关注网络用户体验设计，而且花费了大量时间使底层技术框架达成共识，从而使网站提升可用性。

与网络一样，数字屏幕应用到公共空间是由技术进步推动的。由于先进的生产技术，LCD和LED技术的成本不断下降，使得城市媒体通常在城市空间、零售店和咖啡馆中通过屏幕的广泛网络进行无声的、免费的电视显示。[186, 187]2013年，全球消费者每周平均有14分钟时间接触电子标识系统或户外数字媒体（DOOH），比2007年增长75%。[188]DOOH的年增长率预测为9%左右。然而，大多数数字公共屏幕仍然用于广告，远远不能实现提供一个有用的"连接实体城市和数字城市的途径"的愿景。[189]投资广告的DOOH媒体展示了这项新技术的意义。例如，7-11便利店运营了超过1.24万个屏幕的增长网络，通过该网络他们每月拥有超过2亿的观众，进而成为美国最大的广播电视网络之一。

集成媒体和建筑

将媒体整合到物理空间越来越吸引人们的兴趣，这导致了媒体体系学科的复兴。媒体建筑首先通过建筑师和艺术家的早期作品出现，这些作品将媒体（例如，投影和声音的形式）集成到物理建筑的环境中。从伦敦中央圣马丁的第一届媒体建筑会议开始，该领域开始围绕媒体和架构整合的更多实际问题展开研究。最初，研究集中将媒体外观作为建筑立面的新形式。媒介形象的起源通常归功于 1982 年由雷德利·斯科特（Ridley Scott）执导的电影《银翼杀手》（*Blade Runner*），该电影显示了个人运输车辆飞过大型屏幕，显示出针对黑暗反乌托邦城市景观的彩色广告（图 44）。然而，电视屏幕作为建筑组件的应用最早是由建筑师提出的，奥斯卡尼奇克·迈松（Nitschke Maison）在巴黎的 Maunelde La Puffe Ee 以及 1961 年塞德里克·普赖斯（Cedric Price）和琼·利特尔伍德（Joan Littlewood）的《快乐宫殿》（*the Fun Palace*）中均有表现。[190] 虽然这两个项目当时都没有建成，但它们对后来的媒体幕墙项目产生了很大的影响。

媒介立面正变得无处不在，尽管在大多数情况下，它们仍然用于广告或纯粹用作建筑材料，以改变夜间建筑物的视觉外观，但一些媒介立面还用于城市应用程序。例如，秘鲁利马的国家体育场拥有永久性的媒体外观，可以形象化体育场内的气氛。[191] 分布式麦克风捕捉噪声水平，用来识别运动比赛期间人群的情绪。因此，媒介立面将体育场内的人与城市连接起来（图 45）。

作为城市应用软件，媒体外观体现了数字和物理用户界面的完美集成。如果不是完全整合成一个新的混合结构，媒介形象的屏幕元素将与建筑层紧密结合。[192] 尽管从技术角度来看，图像生成仍然发生在立面的某些部分，但视觉图像被设计为已构建体系的一部分。[193] 这与城市屏幕有根本的不同，城市屏幕的安装与底层建筑物层没有紧密的连接，往往是独立的或连接到建筑物外立面上（图 46）。如果城

图 44　1982 年的电影"银翼杀手"设想了覆盖建筑物整个立面的屏幕，以显示动态图像作为城市景观的一部分

[图片来源：沃纳·布罗斯（Warner Bros）]

图 45　秘鲁利马的国家体育场采用响应式媒介立面，使用麦克风捕捉体育场内的噪声水平，然后确定其立面上显示的图案

[图片来源：克洛迪娅·帕斯（Claudia Paz）Lighting Studio, claudiapaz.com]

市屏幕连接到建筑物，则屏幕和建筑物外立面仍然是两个分开的层，涉及技术装置以及两个元件传达其功能的方式。[194] 如果城市屏幕看起来像是独立的建筑元素，它们则倾向于以单一目的来传播媒体内容。[195] 同样的原理可以转化为任何规模的数字显示器的集成，从 30 英寸（0.762 米）等离子屏幕到小型嵌入式显示器。

将用户界面与物理内容集成

数字用户界面、物理用户界面和现有物理环境之间的相互依赖表现了一个关于实体、需求、规则和关注的复杂系统。理想情况下，这部分城市应用程序的设计涉及多学科团队，包括具有建筑、城市设计、城市规划和交互设计技能的成员。

与台式电脑或智能手机相比，城市是几百年或几千年来发展起来的混乱和不完整的系统。因此，城市应用程序应被理解为一种有助于环境文化特征的人工制品。[196] 作为人工制品，它们对公共空间以及所嵌入的文化环境产生了影响，让人们以某种行为促使它们进入不同的互动模式。

图 46 城市屏幕，例如澳大利亚墨尔本联邦广场的屏幕，提供了一个连接到建筑物外立面的大型数字画布

    如上所述，物理用户界面很大程度上由材料的选择来决定，应该辅以构建环境予以补充。但这并不意味着设计应该复制已建环境的现有元素或特征。设计应该承认这些元素或特性，这可以通过两个关键策略实现：一是通过使用抽象化手段复制它们的形状特征；二是通过镜像定位来补充。

    在"邻居记分板"项目中，我们对露台的形状和大小进行了试验，更具体地说是对露台外围的阳台轨道进行了试验。我们发现，精确复制的一般形状和大小的阳台导轨可以得到最美观的结果。然而，考虑到阳台栏杆的装饰是悉尼典型的梯形住宅装饰，我们没有试图复制阳台栏杆的视觉特征。这种抽象确保了显示器具有自己的设计特征，同时在视觉上被感知以补充物理环境。同样，在 Share Your Power 项目中，我们使用了抽象形式的典型花盆，没有在物理用户界面的设计中模仿花盆的视觉特征。

    在使用"邻居记分板"模型的试验中，我们试着将显示器放在露台下方作为一个变量，它有效地反映了阳台栏杆的形状（图 47，左）。我们发现这可以为干预提供更好的集成视觉外观，而不仅仅停留在阳台栏杆上。最终，当涉及构建和部署显示器时，由于显示器装备的技术复杂性，我们必须返回到初始设计并将它们连接到栏杆（图 47，右）。这时设计受到了部署限制的挑战，由于这种干预是临时部署，所以不必在建筑的阳台结构和外墙上安排任何固定装置。

项目早期的模型设计应用了复制门牌号并将其定位为镜像表现的策略，再次实现了数字干预建筑外观中现有要素的感知整合。

层与使用寿命

在传统的基于屏幕的交互设计中，软件的寿命通常会比设备平台的寿命长。例如，移动软件为了适应新的智能手机型号，要不断开发和保持其可用性和功能性。相较于进行一些调整以确保它在新模型上运行，更新软件并推出新版本会比较容易。

也许是因为城市应用程序在某些情况下不可能被替换，所以它的物理用户界面要复杂得多，物理用户的替换意味着高成本和高耗时。与软件更新不同，按一下按钮无法对物理用户界面进行更新。

图47 将两种设计变形作为模型进行探讨，以评估黑板在联排房屋正面的整合和放置
[插图：莫妮卡·霍林克斯
(Monika Hoinkis)]

因此，了解城市应用程序的部署周期，考虑将来对城市应用程序进行验证的策略比较重要。部署的时间长短不仅决定了城市应用程序的实施，也决定了城市应用程序的设计。如果要部署几年甚至几十年，那么可能需要设计物理用户界面，以方便将来进行任何需要的更新或替换。

美国作家斯图尔特·布兰德（Stewart Brand）在他的《如何学习建筑：建造后会发生什么》（*What Happens After They're Built*）一书中介绍了剪切层的概念。[197] 本质上讲，他认为与其将建筑物看作单一的个体，我们更应该通过不同层次的建筑构件来感知建筑物。他在书中描述了每个层如何具有不同的寿命以及如何影响层的设计。这些层包括场地（地理环境）、结构（地基和承重元素）、表面（外部立面）、服务（通信线路、管道）、空间规划（内部布局）以及其他东西（椅子、书桌、图片）。这个概念对于识别建筑物中更新频繁的部分（例如材料）非常有用，然后是空间规划、服务等。建筑物的结构昂贵且难以改变，这是它使用寿命很长的原因。

城市应用程序的设计和智能冰箱的设计有一些相似之处。智能冰箱配备了一台嵌入式计算机和一个集成到冰箱门中的数字显示器。除了冰箱门上数字显示器的用途和需要的问题外，这项功能的有限成功归因于消费电子产品（即数字显示器）的生命周期与家用电器（即冰箱）的生命周期之间的相对差异。[198] 冰箱能够使用长达十年或者更长的时间，而数字显示器，例如平板电脑，两年后就过时了。因此，将数字显示器集成到冰箱中意味着，客户要么必须在比经济周期短得多的时间内更换他们的冰箱，要么必须处理不能跟上日益增长的软件应用程序要求的过时的计算机技术。

解决这一问题的潜在方法是通过将智能系统与冰箱分离来设计超智能冰箱平台。[199, 200] 这种方法使得能够容易地交换和更换数字部件，从而允许两层——冰箱和数字接口——遵循独立的更新周期。

类似的方法可以应用于部署永久性城市应用程序（如公共汽车站的数字显示）。技术发展如此迅速，因此有必要允许在不完全重新部署显示器的情况下升级或替换特定组件，包括固定装置、布线等。

为了弥补失败而设计

　　我们从媒体立面设计中学到，建筑师们明白当媒体（数字用户界面）被转换时，建筑美学也需要发挥作用。在许多情况下，用于建筑立面的 LED 在白天不够明亮，难以保证可见度，意味着媒体层只有晚上可用。这个需求依赖于数字和物理用户界面的完美集成。但它也有一个优势，那就是如果数字用户界面出现故障（它也会出现故障），那么这栋建筑在基本功能运转及基础上仍保持美观。

　　因此，媒体立面必须通过自动扶梯测试。自动扶梯代表了一种永远不会失败的技术，即使最底层的机电机构发生故障，自动扶梯仍可作为楼梯使用（图 48）。这是一个理想的场景，不一定要借用到每个城市的应用程序。但是要记住一点，设计城市应用程序不仅要考虑它们的功能，还要考虑它们失败时如何运作。

图 48　最好的技术是，即使底层的机电系统失灵，它仍能继续发挥作用。当自动扶梯坏了的时候，它还能用作楼梯

以公共表演的形式失败

城市应用程序失败的问题是双重的。首先，如果失败了，他们可能不再提供预期的功能。其次，失败时也会非常公开，常常不是体面的。有一种风险是，那些失败的城市应用程序看起来就像一项出故障的技术。例如，公共屏幕关闭时看起来像已经损坏的状态。在许多情况下，当操作系统出现故障时，它们甚至会在大型等离子屏幕（图 49）和小型嵌入式屏幕上显示底层操作系统。

公共空间部署城市应用程序的挑战在于，人们需要时间来报告或注意到故障。除非附近有操作人员，比如公共交通工具上的司机，否则路人根本不知道如何报告故障。大多数情况下，这样的失败对人来说也不够重要。人们在路过城市应用程序时可能很匆忙，比如在上班路上，或者去见一起吃午饭的人。他们没有时间或兴趣停下来，即使有关于如何报告失败的说明。

通常情况下，人们不会觉得需要对任何公共基础设施负责。他们认为，监督和修复破损的基础设施是委员会或其他公共机构的责任。谁会特意去查和拨打相关委员会或政府部门的电话来报告公园长椅出现破损的情况？一些城市试图通过提供移动应用程序来解决这个问题。FixVegas 是一个成功案例[201]，它是由昆士兰理工大学城市信息学研究实验室的一组研究人员，在 2010—2011 年昆士兰洪水造成许多公共基础设施破坏后建造的。

图 49　公共屏幕应用程序失败，显示出底层操作系统

世界各地的城市中也有人提出类似的应用程序，试图将观测失效的公共基础设施实行众包，其中一些应用程序用于特定类型的基础设施，比如交通拥堵观测众包化。[202] 这些应用程序很好地说明了数字技术如何通过赋予公民权利解决城市当前的问题。然而，让城市应用程序依赖另一个城市应用程序（以及市民）来报告它们的失败不是最好的方法。当涉及部署时，有一些方法可以确保城市应用程序自行报告它们的失败，不是向公共空间中的公民，而是向技术维护人员，从而可以派人去修复（见第 05 章）。

Ochi-Yoke- 规避故障

有一些策略可以应用到城市应用程序的设计中，以确保它们优雅地失败，甚至是防止失败，类似自动扶梯的案例。接口预防故障的原则（在其基础上）与接口防错原则有相似之处，这也被称为 poka-yoke 原理。Poka-yoke 在日语中是"防错"的意思。它首次被引入丰田生产系统中用于描述设计汽车的方法，这类设计方法是指可以防止用户犯错导致的操作失败，比如确保启动引擎前，用户在手动控制汽车中按下离合器踏板。

与 poka-yoke 机制类似，接口设计的防故障系统的原理也可以称为 ochi-yoke 机制，在日语中的字面意思是"避免故障"。这里的"避免失败"指的是用户对系统的感知，以及是否认为系统已经失败，这个原则并不要求构建强健的系统。然而，通过设计提供高级的失败策略是一个强有力的原则，以防底层系统确实失败了。

城市应用程序的设计是基于 ochi-yoke 机制来解决与失败相关的两个基本问题。当失败的时候看起来不会崩溃，理想情况下会继续执行他们最初的功能。许多情况下，这个原则可以通过在避免失败和体面地失败间相互平衡来实现。

故障验证设计策略

为了确保城市应用程序在出现故障时不会看起来很不完整，数字和物理用户界面需要仔细校准。当城市应用程序崩溃时，留给用户体验的只有物理用户界面。

有三种方法可以做到这一点，哪种方法适用不仅取决于城市应用程序的环境和用途，还取决于它的输出机制。第一个策略适用于基于屏幕的城市应用程序，相当于选择一种显示技术，即使断电也能保留内容。这确保了数字用户界面中的信息是可用的，至少保留了一些设计好的显示功能。显示器也不会看起来那么容易损坏，因为它仍然显示一些内容。它可能不再具有响应性或互动性，也可能停止信息的循环，但路过的人不会注意到这些东西。

我们在 Share Your Power 项目中使用的 fip-dot 技术提供了这种保障（图 41）。事实上，有一次我们在研究现场发现有人拔掉了房屋内电源，导致整个系统关闭，包括电力数据接收器和驱动触发显示器的 Raspberry Pi（树莓派）电脑。然而，在房子外面的 flip-dot 显示器仍然显示最后一个正确呈现的可视化效果。经过显示器的人仍然可以看到这些内容，而不会注意到底层系统已经关闭。Flip-dot 显示器分辨率不高，在应用上有一定的局限性。但更小的嵌入式显示器可以使用电子墨水，这种墨水可以用在电子书阅读器上使用，类似于 flip-dot 技术，即使不供电也可以保留屏幕内容。

第二种策略是完全集成数字层和物理层，类似于 LED 媒体立面元素如何集成到建筑立面中。这可以确保当底层系统崩溃时，城市应用程序不会出现故障。在

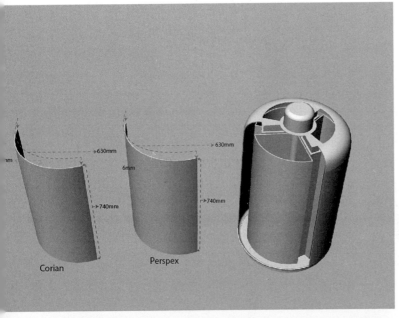

图 50　TetraBIN 由两层构成：一个内部层用来放置 LED 灯，另一层是保护层和光的双融合层，这也使得 LED 在数字内容被转换时消失了
（插图：史蒂文·伊万）

图 51　当显示器关闭时，被安装在箱子上围绕着 LED 的反射层隐藏在了技术底层，使它看起来像一个普通的箱子。这张图片显示的是在构造过程中，展示出了邻近反射层的底层有机玻璃层

TetraBIN 智能交互垃圾桶项目中，我们通过将 LED 嵌入有机玻璃的内层（作为固定 LED 的结构元件）和聚碳酸酯板的外层（图 50）之间实现了这一效果。聚碳酸酯板的目的是漫反射 LED 灯光，创造一个更美观的视觉外观，并防止潜在的破坏。由于其视觉特性，导致当其关闭时 LED 变得不可见。因此，TetraBIN 在白天不工作时看起来像一个正常的垃圾桶，并且仍然发挥着垃圾桶的基本职能（图 51）。

在随后的项目中我们使用了相同的方法，在未来公交站原型边创建一个大型低分辨率的信息显示器，以确保显示器关闭时它也是公交站结构的一部分（图 52）。这种方法消除了城市屏幕所面临的压力，即在时钟上提供数字内容。一个被关闭的城市屏幕看起来就像一项不完整的技术。如果显示技术与物理层完全集成，那么当关闭时它就会变得不可见或者与物理层没有差别。因此，通过应用这种方法，城市屏幕呈现出媒体的一些特征，这些特征建立在数字和物理层完全集成的前提之上。

第三种策略是用适当的失败消息替换数字内容，从而体面地失败。这并不局限于文本消息，根据城市应用的类型和使用的显示技术也可以以图标或模式的形式呈现抽象内容。例如，网页设计中也使用了这一原则。有很多关于如何设计 "404 页面" 的最佳实践集合，当用户试图访问服务器上不存在的 URL 时，web 服务器加载这一页面。在这种情况下，有效的方法是提供菜单，在服务器上链接到其他页面，允许用户从错误页面中恢复并帮助他们找到正在寻找的内容，或者显示用户可能感兴趣的信息，比如经常查看的页面。一些网站和应用程序为用户提供了界面，当系统出现故障时，使他们可以参与一个简短的活动。例如，Google Chrome 的加载错误页面有一个简单的跳跃和运行的游戏，可以通过点击空格键来激活（图 53）。

这种策略要求系统仍然是可操作的，或默认出现故障时将激活该状态。在上面的例子中，Google Chrome 作为应用程序仍然可以正常工作，但是它由于某种外

图 52　通过使用扩散层，未来公交车站原型侧的 LED 信息显示器在关闭状态下变成静态元件

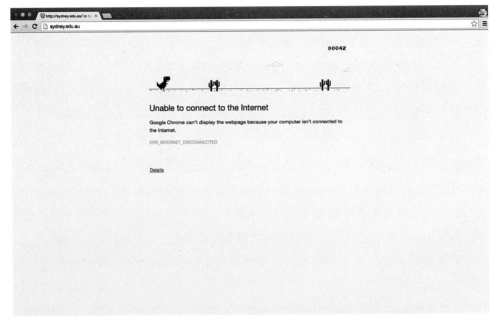

图 53 　Google Chrome 加载错误页面支持用户在等待他们的互联网连接恢复时参与一个简单的游戏

部问题如一个失败的互联网连接而不能加载请求的页面。因此，这种策略适合城市应用程序依赖外部资源（如数据提要或互联网连接）正常工作的情况。从设计的角度来看，仔细确定错误状态以确保接口看起来不会出现故障，甚至是在这些外部源出现故障时有机会做到继续提供基本信息。同样的方法也可以用于应用程序出现故障无法恢复的情况。例如，当驱动动态内容的软件程序出错时，动态寻路系统可以加载到静态信息屏幕。

为公民设计

好的设计方案需要关注细节和理解全局。细节非常重要，因为它们塑造了人和技术之间的交互，因此也塑造了人们使用交互应用程序时的体验。仔细考虑用户界面和失败策略等因素非常重要，因为它们决定了应用程序的细节。与此同时，更为重要的是项目的总体目标以及设计的目标人群的需求。在设计城市 App 的数字体验时，整个设计过程的重点是作为最终用户的市民，每一个设计决策都应该根据市民的需求进行评估。

本节提供特定于城市应用程序的一些设计注意事项。这些内容指导了诸如特定用户输入等细节设计，以及设计蓝图，例如探索设计解决方案的社会政治维度。

"细节不只是细节本身，正是细节组成了产品。"

——查理·埃姆斯（Charles Eames），设计师 [203]

交互性水平

并不是每个城市应用都允许人们直接与内容互动。例如，邻里记分板（图7）显示的数据是与环境相关的。

因此，记分牌没有任何输入控件作为用户界面的一部分。它显示的内容由人们在室内互动所驱动，由于他们的互动会影响用电量，因此可视化的记分牌上不会为人们提供与内容互动的方式。这类系统可以被描述为对人的存在、他们的行为或其他环境因素如温度、空气质量等做出反应。艺术家兼作家克劳迪娅·詹内蒂（Claudia Giannetti）为动态系统提供了更具体的分类，最初她是为描述数字艺术作品而提出的这一系统 [204]，但也可以应用到其他数字应用。根据分类，基于时间描述动态内容且能够自动重播的是活动系统。从这个意义上说，在城市背景下，

LED 屏幕一遍遍发布预先决定的道路封闭或特殊事件(图 54)的消息也是活动系统。基于环境因素变化的动态内容是反应性系统。"reactive" 和 "responsive" 这两个术语可以互换，用来描述这样的系统。为人们提供直接控制或改变动态内容的系统称为"交互"系统。

系统结合反应性系统和交互系统的特点，采取混合方法也很常见。反应性系统和交互系统通常还包括活动系统的特征，其中它们具有基于时间动态内容的序列，由用户或数据输入控制。纯粹的活动系统不符合城市应用程序的标准，因为它们除了传递信息外并不能为公民提供价值。

直观的交互框架

与其他任何提供交互方式的数字系统一样，需要确保城市应用程序的界面直观且易于使用。这对于城市应用程序来说是一个特别的挑战，因为它们经常要使用新技术并包含新的界面，这意味着人们通过与其他数字系统交互而获得的技能并不能够总是被转移，城市应用程序的设计环境提出了进一步的挑战，比如人群管理和可伸缩性，它们需要直观的方法来确保体验的顺畅流动，同时还要考虑公共行为更广泛的规范以及这些交互的短暂性。

图 54　通过预定的动态内容的数字循环显示，不允许用户直接或间接提供输入

直觉互动被定义为一种认知过程，即"涉及利用通过其他经验获得的知识"。[205]这种认知过程不断发生，花费的时间很少，而且常常无意识地进行。直观的界面允许用户更快地完成任务，因为他们可以识别和操作以前在其他环境中接触过的功能特征。因此，在确定界面的直观水平时，技术熟悉程度起着重要的作用。实现直观交互的三个原则是：（1）使用来自同领域的熟悉的功能特征；（2）从其他领域转移熟悉的事物；（3）力求削减和保持内部一致。[206]

当人们接触新界面时，先前的知识（技术熟悉）尤其重要。[207]在这些情况下，直觉取决于一个人生活中的四个来源。[208]这些来源包括先天知识（反射，本能行为），感觉运动知识（在童年时获得的与世界互动的基本技能），文化知识（在特定的社会环境中通过生活获得的）和专业知识（通过专业和业余爱好获得的技能）。

实现直观的解决方案的过程遵循与以用户为中心的设计类似的原则。这意味着在开始设计之前，设计师需要确定用户是谁，以及他们的行为习惯，这样就清楚他们更适合的模式、特性或象征的应用。[209]

公共城市空间的直观互动

为城市空间设计数字系统意味着基于广泛的概况、年龄层次和文化背景进行设计。这使得评估技术熟悉度变得困难，而技术熟悉度是决定界面直观性的核心要素。因此，与其依赖技术熟悉度，更有效的方法是利用先天的和感知运动的知识，这些知识可以通过在界面中使用物理启示来实现。

由于公共空间的参与性本质，与更传统的基于设备的计算机接口相比，这种环境下的直观交互发挥了额外的作用。传统接口通常为个人使用而设计，因此提供了私人交互。公共空间中的交互式应用程序需要确定交流的社会模式，换句话说，需要确定该项应用程序是为个人使用还是为团队场景设计。

例如，设计用于与个人或一小群人交互的数字显示器应该清楚地向潜在用户传达其限制性特征，并阻止更多人尝试加入交互体验。相反地，反应性应用程序应该将它们的非交互性传递给路人和附近的观察者，以有效传达它们的信息。[210]

因此，支持城市空间互动体验设计的核心问题包括：（1）在任何给定的时间内给出谁在控制界面的明确反馈；（2）明确指出每个参与者所控制的内容；（3）分析参与互动的人所扮演的角色以及由此传达给他们的信息，而不是那些在互动区域之外观察的人。

换句话说，应该设计出直观的互动机制来匹配增强空间的物理布局，这样潜在的参与者几乎没有思考就可以在互动的人群中协商他们的角色，并在他们感知到个人空间（微空间）和更广泛的交互环境（宏观空间）间无缝转换。

同样地，数字接口所传达的内容必须同时满足直接参与其中的参与者（在他们的微空间中操作）和那些站在空间边缘的人（因此能够欣赏更广阔的宏观空间）。

根据直观交互的框架，在城市环境中，界面向路人呈现的空间布局和反馈机制应该利用他们常规的社会交互以及之前可能接触到的类似技术，这样可以达到足够的熟悉，从而让人们凭直觉参与其中。

城市的超能力

如前所述，设计城市 App 的关键是了解公民在特定环境的需求。基于这一认识，我们有机会探索出赋予公民权利的城市 App。把城市 App 作为为公民提供超能力的工具是一种行之有效的方法。例如，公共汽车站呈现的实时数据让人们在到达车站之前"看到"公共汽车的运行位置；交通信号灯显示数字倒计时，司机和行人可以因此准确地知道他们等待绿灯的时长。精心设计的城市 App 为人们提供了他们原本无法看到的信息。

技术的进步使提高人们感知能力的应用层出不穷。例如，汽车制造商雷诺已经在测试使用微型无人驾驶飞机来侦察行进路线前方的交通状况。预先获得这些信息可以让司机提前绕开拥堵路段。虽然无人驾驶飞机漫游在城市上空的设想还需要一些时间来实现，但已经有向驾驶员传达交通状况的互动式 App 出现。例如，韩国首尔已经在空中架设的数字显示器上使用交通传感器来显示交通状况（图 55）。

城市超能力的概念可以很好地配合城市 App 的概念。城市 App 建立在对人类需求深刻理解的基础上。城市超能力使我们对从城市服务设施利用到人们生命的挽救都能作出更明智的决定。设计的作用通过将人类的需求与技术带来的机会相联系，来赋予城市超能力，从而让城市变得更为宜居。

"任何非常先进的技术都与魔法无异。"

——阿瑟 C. 克拉克（Arthur C. Clarke），科幻作家[211]

社会与政治维度

城市 App 具有提升城市宜居性的功能，例如改善人们公共交通服务的体验。城市 App 也能够通过采取人们可见的措施来使资源利用更加可持续。然而，体验对于每个人都是复杂且主观的，这也意味着宜居性对于每个人来说有着不同的解读，每个人对于宜居性的组成有着不同的期待。

图 55　韩国首尔的数字显示器显示了道路和十字路口的交通状况

[拍摄：宋承佑（Soojeong Yoo ）]

　　社会背景以及文化信仰的不同带来了人们特定的诉求。例如，与大学生或退休人员相比，一个抚养孩子的家庭对城市体验的设计有不同的需求和期望。因此，在城市规划中，社区参与是重要组成部分，通过这一方式可以了解到那些在城市环境变化中被影响的人。互动式城市 App 可用于社区参与过程中与公众的接触，确保其意见和态度得到更好的呈现。[212] 例如，我们在一个项目中使用 Selfe-Booth 城市 App 来吸引来自社区中的年轻人群体参与交通运输路线的选择。[213]

　　因此，城市 App 的社会维度不只是对是否允许个人或团体使用体验的考虑。社会维度提醒我们以下方面：超越交互式城市应用的用户，反思城市环境的社会结构以及城市环境设计的解决方案如何影响社会结构。

　　反思城市 App 的社会维度能够触发未被发现的增值机会。例如，城市干预措施的设计通过提供共享的经历鼓励社会交往。在 StreetPong（图 6 ）项目中，通过与站在街道对面的人玩游戏来实现。当交通灯都变绿的时候，双方参与者通过道路，他们共同进行了短暂的分享时刻。在 Solstice LAMP 项目中，我们有意识地设计人们之间的互动与干预以增加社会交往的机会。进入部署空间的每个人都被分配一个音乐字符，通过投影到地面的可见的气泡来展现。如果两个人向彼此靠近，他们的气泡投影逐渐合并，形成一个共享的视觉空间（图 56）。

　　每个设计方案无论有意还是无意，都会涉及政治。交互式城市 App 主要服务于公共空间的群众，因此体现出它们潜在的政治含义也很关键。例如，长凳的特殊设计可以阻止无家可归的人睡在上面，同时给人提供能够坐的设施。同样，长

图 56　在澳大利亚悉尼的安普大厦，一个互动式安装的 Solstice LAMP 模型创造性地让人们参与到简短的音乐表演中

　[插图：曹静文（Jingwen Cao）]

凳的设计可针对这些特定的社会行为的展开来创造情境。不被扶手分开的长凳可以让情侣坐得很近，而陌生人也会与他们之间留有空间。用简单的传感器使两个被人使用的椅子自动面对对方，来改善公共汽车站的座位，可以戏剧性地打破现有的社会模式，以此来鼓励人们在等公交车的过程中进行社交。[214]

　　由于交互式城市 App 用于公共空间，其社会维度也需要考虑诸如美国人类学家爱德华 T. 霍尔（Edward T. Hall）所建立的人际距离等社会行为模式（图 57）。[215]霍尔的空间关系学框架可以用来限定终端界面的空间特征，如停车计时器或售票机，或在某个城市环境中阻止或鼓励社交行为。

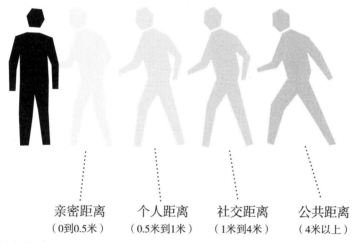

亲密距离	个人距离	社交距离	公共距离
（0到0.5米）	（0.5米到1米）	（1米到4米）	（4米以上）

图 57　社会空间的人际距离

[基于尼古拉·马夸特（Nicolai Marquardt）和索尔·格林伯格（Saul Greenberg）的原始图] [216]

数字化体验设计原则

以下原则是交互式城市 App 的数字化体验设计的参考框架。它们涵盖从细节处理到整体蓝图的各个方面，并应与已建立的用户界面设计指南一起考虑。

定义用户界面。根据对用户需求和其他设计考虑的理解，在创建原型之前决定用户界面的类型较为有效。本章讨论了三种类型的应用：主动的、被动的和交互式的。用户界面考虑的另一面是它是否涉及物理组件。探索早期用户界面的类型（也许通过串联图板来实现）可以促使新概念出现。例如，同一个应用可以被构想为用户直接输入且被认为在输入中有多样的数据源。特别是使用环境数据（即从应用程序的实时语境中感测到的数据）可以为设计解决方案增加价值。

寻求一致性。使用类似界面元素来描述跨应用程序相似操作的方法，允许用户将一个语境中学习到的技能转移到另一处。虽然在台式计算机和智能手机上实现这一点相对容易，但将其转移到城市 App 的界面形式却较为复杂。一个城市 App 的界面在显示规模上可能会很不相同，可能更小或更大，或者根本没有显示。这种显示可能是全色、单色或低分辨率的，并且具有非常规的纵横比。此外，将桌面和智能手机的用户界面形式转化为城市 App 的界面形式并不总是可行的。相反，用户界面的设计受到其他因素与参数的影响，例如所使用的输入类型。我们在工作中发现，将智能手机的模式应用于公共场所的显示方式也会影响人们使用应用程序时的期望，这可能会与城市应用所期望的目标背道而驰。使用熟悉的设计元素会使人们识别城市 App 的特征或功能。例如，公共汽车站的数字显示可以结合带有公交时刻表或信息显示器的设计语言。同样的设计语言也可以基于实时 App 转移到智能手机，从而再次让用户找回熟悉的使用感。

简化设计。城市 App 需要为各种不同的、不可预测的场景进行设计。城市环境中的人们常常被周围其他事物分散注意力，因而无法与城市 App 进行完全充分的互动。考虑到这一点，城市 App 的设计应该让人们更容易地参与并找回之前在检索的信息。遵循约翰·梅达（John Maeda）的简化法则，一个设计良好的城市App 应该允许人们在处理手边任务的匆忙中节省时间。[217] 组织良好的内容可以将复杂特征的界面简单化。城市应用的简单特性也决定了在特定的情况和时刻下哪些要素是用户真正需要的。简化意味着少就是多，为了达到简化的目的，有必要反复推敲设计，直到设计中没有可以去掉的内容为止。

"对任何事物而言，达到最终的完美从来都不是这件事物没有任何可以添加的东西，而是没有任何可以再去掉的东西……"

——安托万·德·圣埃克苏佩里（Antoine de Saint-Exupéry），作家[218]

避免失败。当公共环境中的数字应用难以维护时，设计它们失败的方式非常重要。本章中使城市 App 防御失败的三种策略是：（1）确保在底层系统失效时内容依然保持可见，例如通过使用机械显示系统或电子墨水显示器；（2）在底层系统故障导致数字用户界面消失时，完全整合数字和物理层达到预期效果；（3）用适当的失败信息替换数字内容，这类信息可能是戏谑的、充满幽默感或显示一些基本信息。开发原型之前，设计失败行为很重要，因为在这个过程中做出的决定可能会影响原型中所采用的技术或方法。

创造有意义的体验。并非所有的城市 App 都会与每个人、每时每刻相关。虽然显示失灵是广告牌普遍存在的问题，城市 App 应该避免使用声音和动作示意强行吸引路人的注意力，以克服显示失灵的问题。相反，在设计城市应用的数字体验时，界面所呈现的内容可访问并且有意义是很重要的，这包括以容易理解的方式将城市 App 的目的传递给过路人，他们可以快速决定是否使用。

实现个人互动。尽管交互式城市 App 具有公共性，但人们通过互动来发展个人关系和归属感。这种互动包括简单的和复杂的两种形式。简单的互动，例如：成为第一个在行人交通灯上按下按钮的人。复杂的互动，例如：看到数字化事物的本身或者反映到数字屏幕上的交互。例如，在 TetraBIN 项目中，我们观察到人们可以用不同的色块来标识他们扔进垃圾桶的垃圾，以此表示出这些垃圾是谁扔的。通过交互技术，人们感觉到被赋予改变物理环境结构的权利。同时，城市应用程序需要考虑应用于公共空间社会行为模式，如霍尔（Hall）的人际距离理论。人们和应用程序之间的交互设计应依据这些准则。

灵活使用和适应性设计。人们很善于利用城市环境来达到自己的目的，从把公共广场的楼梯作为午餐地点，到把长椅变成溜冰坡道。尽管政府部门有时试图控制公共空间的占用，但这种特殊的可塑性的特征使城市变得令人兴奋、有趣味、独特和宜居。它有意义的地方在于，能够被应用到交互式的城市 App 中。即使应用程序最终必须服务于特定的不可妥协的目的，在设计过程中戏谑地探索可替代的案例场景可以产生新的见解，并形成最终的解决方案。在 TetraBIN 项目中，我们决定不实施俄罗斯方块标准的游戏规则，开发一种不能预期的、可以合作互动的游戏场景。交互式的城市 App 要以流动和开放的方式解读，包括提供不同的视角来解决不同侧重点的需求，就如同对驾驶者与行人的不同需求的满足，这样将更有可能被公民成功地采纳。

考虑更广泛的背景。在设计城市 App 的数字化体验过程中，考虑物理用户界面的同时考虑数字用户界面也很重要。两者都需要补充物理背景和构建特性。对于基于显示器的 App，素材的选择会影响其美学、功能和目的的感知。城市 App 应该被设计为城市环境的一部分，对城市空间中的其他元素和活动起到支持作用，而不是直接接管或支配空间。不仅仅要关注城市 App 的即时物理环境，放在嵌套层次结构的环境中考虑也至关重要。考虑这一更广泛的背景，可以帮助打开新视角来提供更好的设计解决方案。

> "在设计中总是要考虑更广泛的背景——在一个房间的背景下考虑一张椅子的设计，在一栋房子的背景下考虑一个房间的设计，在区域环境的背景中考虑一栋房子的设计，在一个城市规划的背景下考虑区域环境的设计。"
>
> ——伊莱尔·萨里宁（Eliel Saarinen），设计者[219]

04

城市 App 原型

智慧城市原型的复杂性

建设智慧城市是昂贵的。与 Web 应用程序或移动应用程序不同，智慧城市解决方案不能依靠点击一个按钮启动，它涉及一个长期规划和准备过程才可以部署。韩国松多（Songdo）区的智慧城市建设成本估计超过 1 亿美元且历时 10 年建成。无论智慧城市方案是作为城市新发展的一部分，还是作为城市既有环境的更新，通过早期对潜在方案进行原型设计与检测，可以确保切实实现其目标并满足公民的需求和期望。

智慧城市解决方案并不是仅有的挑战，其更新或升级也同样复杂。Web 应用程序、手机应用程序和其他应用软件只以代码形式存在，它们被设计运行在特定的硬件平台上，并利用屏幕来输出，部分硬件也可以通过屏幕来输入，如键盘或屏幕的触屏层。此类应用程序的设计始于一个空白画布，用特殊的形式限定在屏幕边框中。互动式的城市 App 通常涉及嵌入式屏幕或其他用户界面形式，使其部署与传统应用软件相比更为复杂。即使是为智能手机打造的城市 App，通常也是依赖于嵌入式环境中的传感器采集到的输入信息。

举例来说，一个在繁华市中心推荐可用停车位的 App 需要具备指出所有停车场的状态的功能。为了提供这些数据，需要在巨大的街道网络中建立和部署传感器来监测停车条件。尽管近期技术在进步，但这依然并非易事。在全球范围内，城市正在研究类似的方法来解决一些与数据感知相关的挑战。对于智慧城市解决方案，一个城市中运行的方法不一定可以转移到另一个城市。与当地公司合作不仅可以确保解决方案是围绕当地环境的要求而设计，同时又能促进当地经济的发展。

原型的价值

原型设计支持在设计过程早期测试潜在的解决方案。原型化的过程包括将设计概念转化为功能性的解决方案。原型和测试在其他数字领域的价值是众所周知的,并在学术文献和许多书籍中都有涉及。[220,221] 该领域已经从早期故障中增长经验,如飞行器的设计中,因为用户控制混乱造成人为错误,致使撞车次数增多;再如,大企业旨在为提高办公环境的生产力寻求解决方案,但未能考虑人们的需求和他们的工作流程。

与行人按钮的缺陷设计(图 38)不同,那些早期的人机界面经常由于采用以工程为中心的设计方法而失败。这种方法的问题是工程师的理想模型很少与终端用户的理想模型的工作方式相匹配[222],特别是在城市环境中,将设计概念转变成功能解决方案的过程并不简单。通过开发不同的原型并不断测试预想的解决方案,最终可以得到更好的解决方案。关键是将迭代置于追求完美之上,并批判地思考每个迭代周期中学到的情况。

迭代的价值

迭代在原型开发中起着重要的作用,因为它使我们从错误中学习,最终发现更好的解决方案。戴维·贝尔斯(David Bayles)和特德·奥兰(Ted Orland)在他们的《艺术与恐惧:论艺术创作的危害与回报》[223](*Art&Fear: Observations on the Perils land Rewards of Artmaking*)一书中为迭代的力量提供了很好的例证。有一天,一位陶瓷老师宣布将他的班级分成两组。他告诉这两组,坐在教室左侧的同学基于他们完成的作品数量来打分,而右边同学将根据作品质量进行分级。当给提交的作品打分时,结果表明,注重数量的学生在课堂上完成了最高质量的作品。

> "当数量小组忙于大量的工作并从错误中吸取教训时,质量小组只是在追求理论上的完美。"
>
> ——戴维·贝尔斯、特德·奥兰,作家与艺术家[224]

迭代设计不仅能推出更具创造性的解决方案,而且还让产品或系统的性能和功能更为优化。美国航空工程师保罗·麦克克里迪(Paul MacCready)在商业失败后负债累累。他遇到英国工业家亨利·克雷默(Henry Kremer)给他提出一个挑战,能够驾驶一架"八"字形的人力飞机绕着相距半英里(约 850 米)的两极飞行,并承诺以 50000 英镑作为奖励。他发现奖金与他负债的数额正好相符。这是一个简单的挑战,但 18 年来,尽管有超过 50 次的尝试,依然没有成功。麦克克里迪(MacCready)决心赢得奖金以弥补他的债务,终于在 6 个月内成功制造了一架人力动力飞机,并赢得了 1977 年的 Kremer 奖。当所有人花了几个月时间用来建造一架完美的飞机时，麦克克里迪开始建造一架可以快速重建的飞机。他在飞机建造之初担心的不是它是否能飞，而是注重它是否能快速重建。他的团队经常一天要制造和试飞很多模型。

同样，英国工业设计师詹姆斯·戴森（James Dyson）声称，在开发第一个旋风吸尘器的过程中，他们创造了 5127 个原型，并从每一次迭代中积累经验来改进。[225]伟大的产品通常都建立在大量的原型基础上。

城市 App 原型

城市应用程序的开发理论上应该遵循与建筑、交互设计和工业设计相同的过程。根据城市 App 的特性，它可能与其中一个领域较为接近或者横跨三个设计领域 ①。当我们想到智慧城市系统时，我们不一定会想到使用草图和原型来创建工作模型。为什么在诸如工业设计等领域中，无论厨房用具还是新摩托车的设计，最初都采用工作模型的方法，但在设计城市解决方案时却不常用呢？原型设计使我们能够对机制进行测试，来看看设想的解决方案实际上是否奏效。

原型设计的重点是将用户、客户或公民置于设计过程的中心，这鼓励我们思考与最终产品、服务或系统的关系人是谁。工作模型使我们从目标受众中获得早期反馈。在智慧城市解决方案中，将技术作为重点使我们往往忽略这一点，如一个新型传感器使我们能够收集有关城市的某些参数数据，设计方法似乎常常受到新的传感器技术的引导和技术发展前景的驱使。

城市 App 的概念使问题的讨论回归人本尺度。城市 App 和智慧城市系统应该携手合作，因为城市 App 为底层智慧城市系统提供用户界面。因此，创建工作模型是所有智慧城市项目的基本步骤。

---

① 本章重点关注建筑、交互设计和工业设计这三个领域，因为当涉及原型和测试的方法和系统时，它们都有确定的准则，并有可以应用到智慧城市的技术。

从草图到工作模型

草图是快速检验构思细节的好方法，但在某些阶段，有必要使用其他技术相对快速的来呈现和检验潜在的解决方案。草图是一个很好的可视化工具，但是它的不足之处在于无法检测出设想的解决方案的所有部分。草图需要做出解释，需要有人解释它的构想。在建筑学中，绘制草图的步骤通常是以二维平面或三维绘制的数字表示来呈现。在某些情况下，这些绘制会变成动画，提供了一个更加动态的、设想的建筑物或区域。

在交互设计中，草图之后会产生线框图。线框图的概念是从工业设计界借鉴而来的，在最终确定物体的视觉外观和细节之前，将物体表示为线框图以丰富物体的结构细节。线框图——无论是用于数字界面还是实物——在设计过程的早期阶段都是一项有用的技术，因为线框图可以让设计人员专注于思路导航、元素放置等方面。在关注用户界面的细节之前有些考虑是非常重要的，比如标签的确切表达或按钮的颜色。在设计数字界面时，线框图用数字插图工具来呈现。在这个阶段，细节被充实，颜色和字体被引入。

在工业设计中，线框图之后是三维绘制，随后使用快速的原型设计技术和工具（如 3D 打印机和 CNC 路由器）转变成设计完成的原型。对于数字界面，与 3D 打印原型相当的是第一个通过代码开发的草图。这两种表现形式在外观上都很粗糙，但可以让人们体验到有形的设想产品。在建筑学中，这是实物模型发挥作用的阶段。建筑模型，就像工业设计一样，可以采用各种形式、规模和保真度。它们可以呈现出一对一的特定细节展示，也可以呈现出包含人和树的整个区域微型模型来传达规模的设想（图 58）。

每一种技术和原型类型都有特定的用途。他们将一个设想或概念的不同部分传达给拥有不同目标的受众（图 59）。

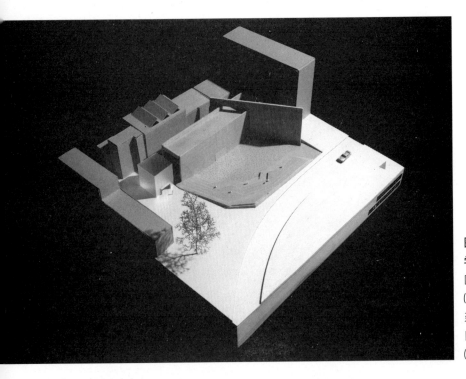

图 58　一个建筑学专业学生的设计方案模型
［设计：本·迪克逊（Ben Dixon），悉尼大学建筑学学士，2016 年；图片：布雷特·博德曼（Breet Boardman）］

从线框图到演示模型

演示模型是具有产品、服务或系统及其特性的缩放或全尺寸模型。原型关注视觉方面，比如样式和颜色，而线框图关注结构和功能。线框图可以采用带注释的草图的形式（图 60），也可以使用数字草图工具来制作。演示模型允许探索特定的外形因素，例如人们如何处理一个设计好的制品。

因为不具备功能性，演示模型不能用于用户交互。尽管如此，演示模型可以用于初步的用户测试，甚至模拟用户交互和流动。当原型化城市应用程序时，线框图和模型是探索设想解决方案细节的有用技术。模型可以进一步评估目标环境中的解决方案，这让人们能够更好地去了解在构建功能版本之前如何与城市应用程序交互。

为了可视化解决方案，演示模型也可以通过三维绘制或者通过增加城市环境照片的方法被创造出来，称为"蒙太奇"手法。一旦创建了空间的三维模型并进行了干预，绘制就具有从不同角度产生多种视角的优势（图 61）。相比之下，拟真模型能更好地呈现出实景中的城市应用，吸引人们对空间中的人及其互动的关注（图 56）。它们对于测试嵌入城市应用程序用户界面的不同方法也很有用（图 47）。

由于演示模型可以相对快速地创建出来，它们可以在原型设计的早期阶段迭代式地探索想法，同时在与外部利益相关者交流时，演示模型也是有用的边界物。[226]

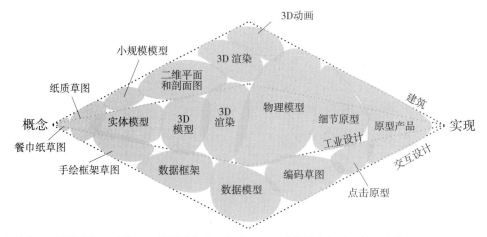

图 59 原型技术用于建筑、工业设计和交互设计。呈现出从特定想法开始，发散以探索变化，然后收敛于最终的实现

通过视频原型制作动画场景

视频原型是一个短片，描述了用户将如何与基于场景的未来产品交互，以一种引人入胜的丰富视觉格式快速记录设想。[227] 使用视频场景对城市原型干预是有用的，因为能够提供使用环境，传达关于体验产品、服务或系统使用的说明，并展现出人们和环境之间的交互。

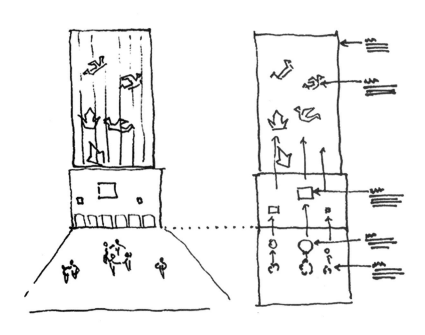

图 60 Solstice LAMP 的平面图和立面线框图

[插图：肖恩·布赖恩（Sean Bryen）]

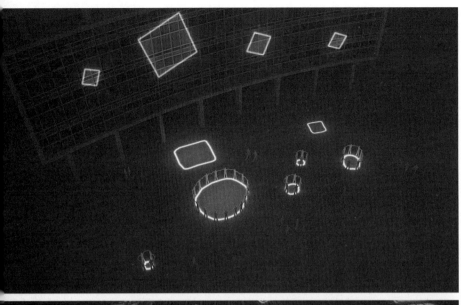

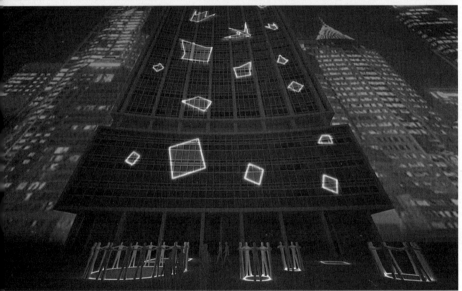

图61　3D 绘制显示两个视角的 LAMP
（插图：肖恩·布赖恩）

　　智慧城市系统及其城市应用程序通常依赖于复杂的技术。尽管近些年的研究
旨在填补这一空白，但这些技术仍难以成为原型。[228, 229] 创建视频原型是一种展示
新兴技术有效且高效的方法，因为这并不需要在探索多个解决方案的设计过程中
实际构建它们。相反，可以使用道具和后期视频编辑工具创建基于新兴技术的界面。
例如，英国未来城市弹射器公司（Future Cities Catapult）利用视频原型技术来
设想如何将诸如平视显示器和激光投影仪等新技术应用于提升伦敦自行车骑行体
验（图62）。[230]

114

图62　来自视频原型的静态图像，展示了提升伦敦自行车骑行安全性的新数字界面。这张静态图片展示在公交车侧面安装激光投影仪，可将司机针对骑行者的盲点实现可视化
（图片：英国未来城市弹射器公司）

　　视频原型会进一步支持对设想的初始评估，并与外部利益相关者进行交流。在伦敦公共汽车上安装激光投影仪是一项复杂的工程。在这种情况下，问题不仅在于技术的复杂性——激光投影仪已经可以作为消费品使用——同时还有调控环境的复杂性。在公交车站放置显示屏已经是一个挑战，因为它可能会影响司机并造成事故。另一个问题是，车辆行驶在受一个政府部门管制的道路上，而安装另一个政府部门的投影仪，投射到道路上时可能会分散司机的注意力。视频原型可以展示出城市应用程序如何在城市情境中使用，而无须将其部署到实际环境中。

　　视频场景不仅是向其他利益相关者交流设想的好工具，而且在呈现新设想时制作精良，令人信服，它们还可作为一种手段，吸引更多的内部或外部资金，将想法变为现实。对于预算有限的项目，投资制作视频原型是一个很好的方法，并将其作为概念验证演示，以说服决策者为项目投入更多资金。

　　视频原型不一定依赖后期制作技能，它们可以通过适当的容易获取的数字界面来创建，例如计算机屏幕、电视和投影仪，外加视频拍摄和切割技术。通过"绿野仙踪"技术，可以模拟复杂的技术解决方案。[231]这项技术于1984年首次被IBM用于测试语音控制计算机系统，当时语音识别还处于初级阶段。为了克服技术上的限制，设计师们在电脑屏幕上安装了麦克风，并通过音频连接到另一个房间，从而设计出这种输入机制的原型。在第二个房间，一名工作人员将听到的用户信息作出反应，用传统键盘将文本输入电脑系统。这两台电脑联网，允许文本显示在第一台电脑上，制造了人工智能接收语音命令并做出相应反应的设计。"绿野仙踪"技术对于原型化高级技术和系统特别有用，但实施起来既昂贵又耗时。[232]

例如，TetraBIN 项目涉及一个早期的视频原型，该原型使用这种技术来模拟传感器，随后开发出来的传感器用于记录垃圾被放入垃圾桶时的情况。视频中使用的原型不是传感器，而是一条 5 米长的、连接到笔记本电脑的以太网线，它放在过路人看不见的地方。其中一位设计师坐在笔记本电脑前，每当有人往垃圾桶里扔垃圾时，他就会按下空格键。

创建视频原型的另一种技术是将焦点和背景镜头结合起来。通常情况下，序列包含背景镜头、焦点镜头，然后另一个背景镜头。这个序列是描述使用界面情境的一种有效方法，包括人与界面的交互、交互细节以及交互如何在情境中进行。背景镜头是在真实的城市环境中拍摄的，比如火车站（图 63，上）。聚焦镜头是在受控环境下拍摄的，例如，售票机的触摸屏界面可以在标准的台式电脑上模拟（图 63，下）。

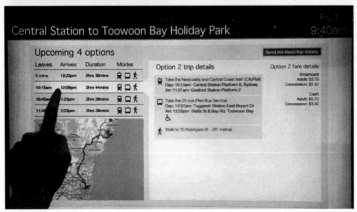

图 63　视频原型的静态图片展示了人与售票机的互动。视频通过结合背景镜头（上）和焦点镜头（下）来可视化预想的解决方案

［图片：瑞安·加万（Ryan Gavan）／克拉丽莎·迪·妮古拉（Clarissa di Nicola）／加里·陶卢（Garry Taulu）］

实物模型和产品原型

实物模型经常与演示模型互换使用。然而，实物模型总是以三维形式为特征，而演示模型通常只以二维形式呈现。因此，在构建产品原型（图65）之前，实物模型对于探索干预的物理特性非常有用（图64）。

图64 未来原型与3D打印实物模型的互换

图65 在澳大利亚悉尼海关大楼内建立的未来公交车站互通式立交的工作原型

[图片：泽维尔·霍（Xavier Ho）]

图 66　微软 Kinect 传感器装置安装在数字屏幕上以提供触摸功能
（图片：泽维尔·霍）

　　大多数研究项目都以原型结束，尽管它们功能齐全，并在公共空间内部署数周。但有限的时间和可用的财政资源的现实常常要求我们通过借用现有的技术寻求创造性的解决方案。例如，我们交换的未来原型的特点是大的触摸屏。当时，我们没有所需尺寸的触摸屏，也没有资金和时间订购这种屏幕。因此，我们转而使用安装在公交车站顶部的微软 Kinect 深度摄像头传感器，这样它就能捕捉到从上到下视角的显示屏（图 66）。使用深度传感信息和一些代码技巧，我们可以推断手指按压的位置，为用户提供使用触摸与显示器互动的能力。

　　同样，我们适当地采用一个旧的网络摄像头，作为安装在公交车站原型机内的其他显示器的近程传感器，它通过显示即将到来的服务的详细信息对在场的人作出反应。当没有人站在屏幕附近时，它会显示来自另一个公交站的实时摄像头，通过被动监测提高公交站周围的安全性。[①]

---

① 这个想法最初是由亚当·史密斯（Adam Smith）和拉克伦·森德兰（Lachlan Sunderland）提出的，他们是来自悉尼大学设计和计算专业的两个学生。

选择合适的原型

"原型"是用来描述一个设想或概念展现出的半成品，原型通常是设计探索和迭代的结果。每个原型可能会探索一个特定的方面，每个原型的迭代都会更进一步接近最终产品。在我们自己的工作中，我们发现在设计互动式城市应用程序时原型有三个特定的用途，将在本节中讨论。每个目的都需要对设想或概念有一个特定的展示。但是，所有拥有不同目的的原型都加深了对最终解决方案的总体理解，以及不同的利益相关者的看法。

> "尽早研发原型是我们设计师的首要目标，或者是任何有想法的人的首要目标。我们不相信它，直到我们看到并感受到它。"
>
> ——美籍华人艺术家、设计师吴文胜

具有挑衅性的原型

在城市环境中，设计是一个很棘手的问题。棘手问题的特征是没有"终止原则"，也没有明确空间环境的内部和外部问题。[233] 与其他设计情境相比，作为棘手问题的设计使得在设计过程中引入众多利益相关者的观点变得更具挑战性。在我们的一个项目中，在公共交通环境中使用数字技术，我们发现，演示模型形式的可视化对于支持我们与利益相关者的对话特别有帮助。我们最初设计演示模型是为了自己团队中可视化和交流而设想。有了这些演示模型，我们可以在与利益相关者会面时进行展示，比如相关的地方政府部门及其附属交通管理机构。

随着这些初始演示模型呈现出的推测形式，我们发现，它们不仅能够作为呈现设想的早期原型，而且能够作为挑衅性的原型。[234] 挑衅性原型的概念最初是由劳伦斯·博尔（Laurens Boer）和贾里德·多诺万（Jared Donovan）提出，他们观察到原型作为一种参与创新的工具，以一种刺激性的表现形式呈现出来。[235] 通过夸大解决方案的最终形式，我们的演示模型被认为是虚构的。例如，我们没有在公交车站进行数字显示，而是通过悬浮球对公交到达和乘客人数等信息进行编码（图 67）。通过夸大设计解决方案，我们可以在讨论细节时不必与利益相关者对话，例如探索屏幕大小或屏幕上显示信息的确切细节。相反，对话将转向与公共汽车站以外广阔的环境相关的更高水平的信息输入和观察。例如，我们能够确定目前道路安全法规限制了在公交候车亭安装数字屏幕的选择，因为它们被认为会分散司机的注意力。我们通过关于推测模型的对话发现了另一个限制，与广告公司的现有合同规定并限制了与运输相关信息的可用空间。因此，演示模型作为启发原型，也支持在工业环境下的谈判。[236]

演示模型作为启发性的呈现让我们同样地以主要利益相关者和次要利益相关者为目标。主要利益相关者是我们直接接触的组织代表。在我们的工作中，这些谈话经常围绕着有关干预措施部署的风险和风险管理展开。在设计公共空间时，这是一个常见的问题，尤其是涉及技术方面的干预。媒体似乎倾向于采取此类举措，

图 67　模拟的数字公交车站显示器，其中浮动球体的高度映射出下一辆公交的抵达时间。颜色表示公交的拥挤程度

[图片：肖恩·布赖登（Sean Bryen）]

往往将争议围绕在公共空间使用新技术上，以及围绕在对智慧城市项目中公共投资的认知上。有趣的是，关于风险的讨论主要围绕媒体如何传达可能产生的干预和法律影响，例如，考虑道路安全法规，而不是考虑将参与研究或最终与干预互动的参与者或民众的风险。[237]

次要的利益相关者是在项目中没有直接接触的组织，但是他们在项目及其更广泛的背景下进行着很重要的参与。主要利益相关者在评论演示模型时，这些组织参与进来。例如，我们从与主要利益相关者的对话中获得了有价值的见解，包括客户以及其他利益相关者的观点，例如公交车站维护人员及其需求。

原型也是一个用来理解运行受限的城市系统的干预机会的强大工具。[238]例如，通过对模拟演示模型的讨论，我们发现了为公交候车亭探索替代商业模式的机会，目前候车亭基于广告收入运营。改变商业模式，将人工制品目标转换为一个系统，从而为更广范围的改变提供了可能，超出了利益相关者与当前以广告为导向的业务模型之间的现有合同义务。

原型界面

城市 App 核心的原则之一是设计主要被居民使用，这就意味着我们需要仔细考虑居民与城市应用程序互动的界面。在这里，我们不得不区分对于"界面"这一定义的两种解释。技术层面上，城市 App 可能成为智慧城市系统的界面。例如，行人交通灯上的按钮和一个庞大的系统相连，这一系统连接、校对了从各个渠道收集到的信息，例如附近交通信号灯，道路传感器等等。这些信息被分析，用于一项输入参数来决定行人交通信号灯等的准确行为。从以人为本的角度来看，按钮和信号灯提供了居民对交通信号灯系统和传感器等的交互界面。

因此，人们通过城市 App 提供的控制装置参与智慧城市系统，可以采取多种形式——从行人交通信号灯上的物理按钮到手机 App 的触屏输入。识别控制装置的使用方法是原型制作的过程之一，人类和城市 App 的交互平台以及它们之间的互动在设计阶段就已产生。在原型设计阶段，这可归结为交互如何互动映射到输入控件的细节。

编写这本书时，目前最为普遍的智慧城市系统用户界面采用仪表板的形式（图 3）。实际上，界面拥有一段较长的历史，[239]并且能够被认为是第一个智慧城市的数字接口。界面对于校正和数据可视化具有重要意义。但是，他们的目的和访问权限主要限于城市政府部门。即使仪表板是公开可用的，但仍然难以访问和理解，因为它们不在现场提供信息。市民通过仪表板了解城市基础设施利用现状，但在城市环境中，它们不能便捷地用于作出更明智的决策。

界面原型涉及界面如何允许人们访问信息或更改系统状态的详细设计。不同于线框和模型，它们需要具有实际规模。这就意味着通过设计团队，其他利益相关者或目标受众的代表来测试这些原型十分必要。

人机交互文献中将界面定义为由输入和输出机制组成。[240] 尽管原型的各个阶段可能单独关注一个或另一个，界面原型应该同时包含这两种表现形式。根据原型的精确度，可能无法表示输入机制，这种情况下，可以进行模拟，例如，使用本章前面所述的 Wizard-of-Oz 技术。

城市 App 不一定涉及任何明确控制应用程序状态的方法。例如，城市 App 输入端的响应可能仅限于使用数据或现实环境条件。社区记分板项目中，我们通过在纸上依比例绘制界面，并将其附加到我们实验室的墙上来创建早期的低端原型，这使我们能够更好地理解电反馈显示器的预设规模和不同类型的数据可视化。

界面原型不一定必须放在目标语境中。在实验室中创建界面原型是完全合法的，因为在理解和设计阶段已经考虑了语境。因此，行人交通灯上的按钮可以在实验室进行原型设计，并在其语境中独立地表示为界面原型。只有当我们需要了解人们对城市应用程序的整体体验时，才需要将原型放入城市环境中。

原型体验

在创建体验原型时，语境是关键。人们在部署时体验产品、服务或系统的方式很大程度上取决于使用它的语境。语境包括物理设置、时间以及参与产品、服务或系统人员的情况。体验原型用于演示如何在特定环境或场景中使用交互式城市应用程序。

创建体验原型的有效方法是使用本章前面所述的视频场景，视频场景能够捕捉人们与智慧城市系统互动的场景和方式，同时也是一种关键的设计工具。设计过程的早期阶段，它们能够在语境中使用交互式应用程序进行探索。视频场景的创建不需要任何实施预想的解决方案的任何技术细节，因此，节省了大量时间和成本。

照片故事板同样能够在语境中可视化潜在解决方案，通过借助一些视频场景技术来制作。例如，他们可以把目标语境中拍摄的照片与实验室环境中集中的描绘相结合。与使用电影后期制作工具相比，照片故事板的创建速度比视频场景更快，因为编辑照片相对容易。它们是探索和可视化人与智慧城市系统之间以及智慧城市环境中人与其他利益相关者之间的互动和关系的绝佳工具。这些关系及其时间进展可以借助故事板和漫画的技术实现可视化。[241]

其他技术（例如三维渲染和三维动画），在某种程度上可用于可视化智慧城市解决方案的设计体验。这些技术通常用于建筑和城市规划，以实现大规模干预的可视化，例如整个新区的开发。然而，渲染和动画对于可视化智慧城市解决方案并不具有实际效果，因为它们不能捕捉真实环境。尽管三维建模取得了进步并且提高了建筑管理信息（BIM）数据的可用性，但创建真实世界的表现仍然具有挑战性。

为公共空间准备原型

在某个阶段，需要在城市环境的公共空间内部署和测试嵌入型交互式城市应用的原型。这涉及开发原型，以准备后续部署时需要考虑的许多挑战。

混乱的环境

城市的环境是混乱无序的。[242] 一定程度的紊乱彰显了城市特征，有益于城市宜居度的感知。然而，混乱和无序在很多层面上与智慧城市的概念发生冲突。设计这种混乱，即使不是不可能，也是很困难的。这是人们侵吞和使用城市空间几十年甚至几个世纪演变的产物。市政部门可以通过提供针对性的措施，例如城市家具、绿地空间等，为这些方面的发展提供条件。不幸的是，现有立法往往会成为发展的障碍。在一些城市，即使是一个简单的建议，例如在自助餐厅前面的人行道上放置花盆，也必须通过如此多的立法审批程序，人们最终完全放弃了这个想法。[243]

智慧城市解决方案的原型设计，了解和考虑城市环境的混乱非常重要。在某些情况下，可能意味着将最先进的电视屏幕固定在墙上，这并不是向路人提供信息的最佳方式。其他时候，可能意味着原型需要能够在部署时处理与混乱城市环境的对抗。

在邻居计分板（图7）和 Share Your Power（图41）电力显示项目中，我们故意避免使用标准电视屏幕，并探索了几种替代解决方案，以识别具有与城市环境相融合的显示材料在未来的公交换乘站（图65）项目中，我们选择使用高分辨率电视屏幕和低分辨率 LED 墙的组合，我们还能够设计显示器的实时背景，即公交车站本身。对整个公交车站进行整体和原型设计，使我们能够确保物理环境与数字显示材料相辅相成，以匹配城市目标环境的特征。在这种情况下，我们设计并制作原型，通过使用木质材料和有机形状来呈现城市家具的视觉特征。

124

在 TetraBIN 项目中,我们不得不处理一种特殊的混乱——垃圾的混乱本性——以及大型公共节日的混乱环境,因为我们的原始原型被部署为小型节日的一部分。为解决第一个问题,我们将所有电子元件与实际的垃圾箱隔离开来。这也使我们能够重新使用现有的城市垃圾箱,而不是自己建造,由于没有改变垃圾箱,所以支持了我们对现有城市环境干预的目标。

第二个问题,即公共节日的背景,意味着我们必须确保干预能够抵挡儿童攀爬或以其他不恰当的方式接触和故意破坏。由于垃圾箱位于酒吧附近,深夜的时候,后者尤其是个问题。为了解决这两个问题,我们使用 6 毫米聚碳酸酯板制成的面层来保护垃圾箱以及灯光显示屏免受破坏,同时还用作 LED 的扩散层。因此,原型中使用的材料不仅要满足设计要求——这里指 LED 灯光的扩散——而且还需要考虑在城市环境中最终部署所产生的要求。

我们没有直接观察到路人去踢垃圾箱,但见证了一群人试图将它整个推翻。尽管我们已经将垃圾箱固定在包含电子设备的基座上,这是未来部署需要进一步考虑的方面。正如这个案例所示,有时需求只是在实际环境中测试原型并观察公众的参与方式。

大学校园 TetraBIN 原型的后期部署中,我们面临着另一种混乱,即城市的野生动物。我们的原型没有配备处理大量朱鹭的装置,它们使用长喙进入垃圾箱,在校园里觅食。进行部署两天后,校园基础设施团队发来的一封电子邮件提醒我们,朱鹭攻击了我们的原型并将垃圾散发在设置有垃圾箱的大街上。

城市环境提供了混乱的条件,这与可用的基础设施有关。例如,在公共空间内部署原型时,通电是一项挑战。许多情况下,可通过附近的公共汽车站、灯柱或其他现有的城市基础设施提供电源插座。但是,能够插入这些插座需要获得相关机构的批准。同样,即使在公共 Wi-Fi 可用的环境中,网络连接也是一项挑战。公共 Wi-Fi 本身带有法规,可能不允许访问运行原型所需的特定网络端口。在 TetraBIN 研究中,这个问题的解决方案是带上自己的便携式 Wi-Fi 路由器。而且在部署 TetraBIN 期间我们遇到了挑战,很多人通过在线空间访问节日(相关网络内容)(8 天有 143 万人)。即使该地区的移动网络有时中断,我们也可以通过便携式 Wi-Fi 路由器进行网络访问。

不可预测的用户和使用

与任何设计解决方案一样,在设计的初始阶段确定智慧城市解决方案的受众目标至关重要。因为它们试图为每个人设计,新产品的想法经常失败。有时,系统最初设计的受众目标可能会有所扩展。例如,Facebook 最初是为大学生设计

图68　嵌入型交互式城市应用程序需要做好准备，以处理使用中的各种混乱和不可预测的情况，例如干扰 TetraBIN 部署的朱鹭

的。首次启动时，用户需要拥有一个大学电子邮件账户才能创建账户。那时使用 Facebook 的人口统计数据显著增加，为人们如何与平台互动设计提出了新的挑战。这包括了解印度农村地区的人如何在 2G 网络上使用 Facebook，或者父母、同事和早期用户的雇主如何加入这一事实，以及对共享和显示内容的影响。

　　然而，像 Facebook 这样的平台在应对这些挑战方面处于有利地位，因为他们明确地知道用户是谁。当在城市环境中设计交互式应用程序时，例如，触摸屏自助服务终端的形式，不可能预测谁将与该应用程序交互。即使它针对特定受众目标设计，例如二十岁到五十岁之间使用英语的游客，一旦部署，自助终端可能会面临明显不同的受众。除了针对特定目标受众进行设计之外，城市应用的原型还需要考虑城市环境中所有人口的统计数据。

　　例如，在未来的交换项目中，我们没能考虑儿童如何与公交车站原型中提供的触摸屏进行交互。当我们在半公共环境中测试原型时，这一点才变得尤为明显，这表明儿童无法触及触摸屏界面中的某些按钮（图 69，左）。后续设计研究中，我们建议使用可以放大用户轮廓的深度相机来解决这个问题，从而使他们能够触及界面中的所有交互区域（图 69，中）。过程中我们不得不考虑让孩子们与原型进

图69 我们的巴士站原型包括儿童无法触及的触摸屏元素（左侧）。这样的系统可以被改装，例如，使用深度相机设置来向用户提供数字剪影，可以扩展到控制界面元素不可及的地方（中间）。类似的方法也可以用来确保交互式城市应用的包容性设计——这里可以模拟一个人从轮椅上进行的相互操作 [右：卡勒姆·帕克（Callum Parker）]

行交互，这进一步激发了我们思考触摸屏的可访问性以及这种方法如何能够使用。例如：坐在轮椅上的人与显示器的交互（图69，右）。[244] 这种包容性设计方法在城市环境中尤其重要，因为可以确保残疾人不会被排除在城市应用程序之外。

不仅城市应用用户的人口统计数据难以预测，人们的行为以及他们决定参与城市干预的方式也是不可预测的。上面的一个例子是当路人认为没有人观察他们时，试图在深夜推翻 TetraBIN 原型。在我们的 Solstice LAMP 项目中，它使用了两台投影仪和两台激光投影仪的复杂设置。某一个晚上，一个过路人从建筑物一侧的相邻电箱中取出了三相插头，导致整个装置不再工作。在干预设计过程中，仔细考虑电力接入的安全性，能确保过路人不会将自己置于意外触电的风险中，并消除电缆构成绊倒危险的风险，但我们未能考虑到大胆拔掉插头的人的实际问题。

人们使用 Solstice LAMP 作为城市界面的方式取决于时间。我们能够预测的效果是，有大量的儿童和家庭在晚上早些时候参与干预。但看到人们的行为在整个晚上发生的变化令人惊讶。例如，高层建筑内工作的员工傍晚走进大楼时，小心地避免与干预发生相互作用。当同一个人晚上离开大楼时，我们观察到他在通过前院的互动区域时摆弄数字投影。

127

这些不可预测的用户和对干预的使用将发生在智慧城市为公众提供接口的每个解决方案中。这可能是当前人们是否以及如何参与智慧城市数据系统非常保守的原因之一。交通灯的行人按钮是一个安全的界面，因为它不容易被黑客攻击、滥用或禁用。但从这方面来说，它提供的是极权主义的界面，而不是丰富的公众参与。

未可预见的用途不局限于操纵行为。与任何数字解决方案一样，我们只能设计人与城市应用之间互动的参数。只有在目标环境中部署原型时，人们与城市应用程序交互的确切方式才会变得明显。例如，在 TetraBIN 项目中，我们遵循俄罗斯方块游戏的规则设计了垃圾箱周围数字层的行为。基本原理是人们不得不等待合适的时机将垃圾放入垃圾箱，这将释放一个 2×2 像素的模块（追踪者）。通过对这个动作进行计时，我们认为可以用模块填满整行，这样就会使行消失——类似俄罗斯方块中行的填充和移除的方式。如果模块没有仔细对齐，它们将堆叠起来，当第一个块到达 LED 显示屏的顶行时，游戏将结束。通过白色的明亮闪光和伴随的声音效果，可视化游戏结束，之后游戏画布将被清除，下一轮开始。然而，事实证明，人们对堆积块比清理行更感兴趣。明亮的闪光和声音效果被解释为赢得比赛的奖励。在无意的情况下，我们创建了一个协作游戏，人们可以创建他们的个人方块堆，并且等待追踪者在他们的方块上相互对战，然后将垃圾放入垃圾箱。

在 MediaWall 项目中（图 20），我们使用深度相机传感器，通过路人用手臂轻扫图像的分层色带来识别路人及其轮廓。然而，事实证明，当我们在公共空间内部署原型时，人们更有兴趣使用类似骨架形式的、略微异想天开的镜像来传达。[245] 在后来的迭代中，我们发现用轮廓替换骨架形式减少了有趣行为的发生，鼓励人们专注于内容。[246]

为这些不可预测的场景准备原型具有挑战性，但在部署原型之前，反映这些挑战至关重要，这是迭代在智慧城市系统设计中发挥重要作用的另一个原因。这一方面在当前自上而下，以系统为中心的智慧城市计划中被忽视。我们永远无法为每个潜在用户和实施案例进行识别和设计。然而，通过在城市环境中不断测试原型并基于结果迭代解决方案，其中许多问题可以迎刃而解，从而产生更合适且整体成功的解决方案。

失败测试

失败测试原型是城市应用程序设计过程中的一个重要步骤，因为公共环境中的失败比在受控环境中或台式计算机以及移动设备的受控边界内失败具有更严重的后果。公开失败的原型可能会损害各利益相关方的看法，并吸引媒体进行负面报道，从而可能导致项目中止。

基于真实数据建模预测行为的计算机模拟是测试干预如何影响或改变公共环境中人们行为的第一步。例如，在公共交通研究中，我们使用这种方法来测试解决站台拥挤的轻型干预措施。一名具有机器人技术背景的团队成员开发了摄像头传感器，我们在中央火车站周围部署这些传感器，以收集人们在火车站周围运动的真实数据。我们输入这些数据，形成火车站环境的三维模型，显示有无干预的状况下通过这个空间的人的流向。预测模型的实用性有限，因为存在某些参数，这些参数会影响真实环境中的人们在模拟中难以考虑到的行为。

对于意外的人类行为进行失败测试的补充方法是在受控环境中重新模拟最终干预或干预的某些部分。重新创建干预只是第一个方面，可以用来测试原型和底层系统的行为。对人类行为进行失败测试的关键部分是在这个受控环境中重建人流。在获得人员和空间方面，两者都具有挑战性。在 Solstice LAMP 项目中，我们租用位于校园内的剧院，使用 500 个座位的礼堂舞台设置其中一个投影仪。然后我们引导大约三十名大学生的团体通过这个空间，要求他们参与原型。这个快速练习，同时设计为对学生具有教育价值，作为本周可用性测试的主题，揭示了一些关于人的行为以及我们的原型如何响应他们的行为的重要见解。这种形式的失

图 70　500 座剧院的舞台上临时安装了 Solstce LAMP 干预的一些元素，以便在受控环境中对不可预测的人类交互进行失败测试

败测试与可用性测试不同，因为它不关心人们是否以及如何理解、使用界面。相反，失败测试的目的是了解人们是否以及如何有意或无意地破坏系统。在失败测试会议结束时，我们明确要求学生尝试破坏应用程序。

失败测试不仅限于通过引入大量人员对应用程序进行压力测试。更重要的是，它应该尽可能地复制目标受众。在 Solstice LAMP 项目中，它被设计为在户外灯光节期间安装，我们需要确保我们满足大量人群的需求。理想情况下，我们也会对儿童和家庭进行测试，因为这些可能代表了节日的观众。我们在案例中没有足够的时间来组织这样的额外测试会议，特别是因为这会在招募参与者以及接触儿童和家庭的挑战方面产生道德影响。

通过在公共或半公共空间（例如大学或建筑物的门厅空间）中设置原型，并观察人们如何与原型交互，也可以实现失败测试。原型越自然地进入空间，失败测试结果似乎越好，因为人们自然地与原型接合。

原型测试

原型可以让我们获得关于交互式城市应用程序设计的具体反馈。大量关于人机交互设计的文献已经探讨了原型评估的方法以及它们的优缺点。[247, 248] 本节主要介绍在测试城市应用程序原型时这些评估方法的适用性（图71）。

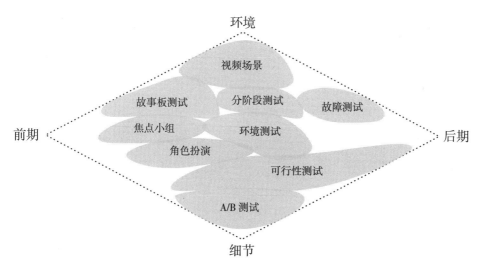

图71　实验室中的智慧城市方案测试方法及其设计过程中的应用阶段总览。图片同样显示了这些方法在细节测试以及系统和环境评估方面的价值

测试的内容

在进行任何测试之前，确定要测试的内容非常重要。对于应用程序的不同方面，可以在设计的不同阶段使用不同形式的原型进行测试。每个测试都会从一组问题开始。例如，可以进行测试以评估人们是否理解如何与应用界面进行交互。前期阶段，测试内容会集中于应用程序中可使用的一般性功能。后期使用高保真度的原型，可以进行评估应用程序可用性的测试。

研究问题决定了研究方法。例如，如果问题是从几个选项中确定更合适的解决方案，那么应使用 A/B 测试的方法。如果问题是人们是否理解如何使用特定的界面设计，那么应该使用可用性测试。理想情况下，应该结合两种或多种方法对结果进行三角测量。如果时间和资源有限，可通过访谈、调研或者观察来对主要的测试方法进行补充。同样，这些起补充作用的方法的选择也与研究问题保持一致。表 1 概述了在城市应用程序设计过程中不同阶段可能遇到的问题。

表 1 城市应用程序的研究问题以及数据收集适用方法的举例和解答。根据这些问题可能出现的设计过程的不同阶段排列：早期可能出现的问题列在顶部，后期更相关的问题列在底部

	研究问题	方法	注释
↑设计过程的前期阶段　设计过程的后期阶段↓	方案是否满足外部需求？	使用演示模型或视频场景同利益相关者进行焦点小组的讨论	重要的是确保通过直接或间接的方法同所有利益团体的代表进行磋商
	目标群体是否容易理解方案的目的？	使用演示模型、实物模型或产品原型在受控的环境或地点进行实验室测试或快速部署	通过演示模型或实物模型完成实验室测试，这在设计过程的前期阶段很有用，但参与者在实验室里会表现出参与度和理解程度上的差异
	人们会在哪里使用该方案？	在一系列可能的地点进行实物模型或产品原型的部署研究，或允许实验者选择地点[249]	一个有效证明人们是否在特定地点使用该方案的方法是观察或追踪他们，并通过访谈来跟进
	A 和 B 哪个选择更好？	使用演示模型或产品原型进行实验室测试或焦点小组的讨论	定义如何衡量"更好"非常重要。例如，性能更好（即更快完成）、选择更优或更具视觉吸引力
	是否清楚如何使用方案的某个组件 X？	在实验室或者户外使用演示模型或产品原型进行可用性测试	理想情况下，在界面设计的整个过程以及原型保真度的各个阶段都应解决这个问题
	方案是否更容易收集信息？	使用演示模型或产品原型在受控的环境或地点进行实验室测试或快速部署	例如收集实时交通信息。某些方面可以在前期进行测试，但关于实际数据收集的各个方面需要在现场进行，尤其是方案涉及众包数据[250]
	方案是否被认为更有用？	在受控的环境或地点进行实验室测试或快速部署，随后使用产品原型进行访谈	使用演示模型很难测试方案是否实用，因此让实验者体验方案的工作非常重要。没有同产品原型互动的焦点小组讨论或访谈，会导致不可用的结果，因为实验者很难回答"是什么"的问题
	方案是否改变了人们的行为？	在该领域长期试验	行为的改变只能通过长期的数据收集和行为监测来衡量。例如，这种方法可在鼓励减少能源消耗和增加公共交通出行方面提供干预措施

雅各布·尼尔森（Jakob Nielsen）提出的基于小部分人群并尽可能多次试验的规则同样适用于各类城市应用程序。在咨询工作中，他发现六名测试参与者能够展示百分之八十的可用性问题。[251] 参与者的具体人数取决于问题和所选择的方法。对于 A/B 测试，需要较多的参与者才能得出具有统计学意义的结论。仅使用三到五人来测试设计的两种或更多变化，会冒一定的风险，因为参与者个人偏好和

人口背景的不同会使结果发生偏差。根据原型和潜在问题的不同，其观察评价可以选择小规模或大规模的人群来实施。例如，我们只通过一户家庭就测试了"电力分享"这一电力反馈显示设备的前期版本。该测试的目的是在现实环境中评估干预措施的整体设置情况，并研究人们是否以及如何同显示设备互动。为此，我们对界面的可用性很感兴趣，具体是指这种可用性如何在现实环境中发挥作用。前期的可用性测试同样能够在实验室环境中进行，例如我们实验室墙上固定的"社区计分"显示设备的全尺寸演示模型。

测试的内容和实验者的数量也因研究的具体情况而不同。研究项目的数据，必须是有效且能重复的。在决定测试方法和参与人数之前，需要重点了解未来可发表结果所在领域的期望和规范。在研究项目中，可用性评估是一个非常重要的步骤，以确保人们知道如何使用城市应用程序。然而，这类评估通常不会揭示任何在学术界可能被认为是新知识的发现。对于人类学研究，如果能从自身的研究中收集到丰富的定性数据并分析，进而转化成研究成果，那么即使小规模的实验者也是足够的。

为了得到优于现有方案的设计结论，则必须要求实验者的样本数量足够大，以便得出具有统计学意义的结论。例如，在人机交互研究中，对照实验的常见样本数量为二十至四十人。虽然对照实验一直是人机交互领域的首选方案，但在城市环境设计中的应用较少。相较于孤立的对照实验，城市干预的定性研究带来的丰富性有助于产生推动研究领域发展的见解，通常更具价值。造成这种情况的原因之一是，城市是复杂的系统，其中存在着难以或无法控制的冲突变量，这些变量也限制了对照实验的价值。例如，在"社区计分"项目中，我们实施了两个控制组，旨在比较所有组的电力消耗模式，然而有太多方面我们无法控制，所有这些方面都影响了不同群体的行为，如天气状况、实验者的周末短期度假或游客与他们同住以及研究期间的公共假期等。

企业项目必须应对自身严格的截止日期和平衡外界利益相关者的需求，而不需要强调发展新知识。因此，对于产业项目而言，理应采取更为实际的方法。在某些情况下，如果通过少数实验者就能发现应用程序需要调整，这意味着应尽早停止测试。研究机构和企业之间的合作对智慧城市设计极有价值，因为研究可以提供严格的标准，而企业能提供真实环境并确保研究结果的可用性。

原型的还原度水平是决定测试内容时考虑的另一个关键因素。打磨完成的原型被视为最终产品，引导实验者对细节进行评论，如颜色和标签的使用等。[252] 与此相反，外观粗糙的原型则清楚传达了应用程序仍在开发当中，例如纸质原型。因此，实验者更可能对一些更加基本的问题发表评论，如应用程序的目的以及应用程序如何使他们达到目标。

测试的内容同样取决于可以实现的还原度水平。当涉及基于新兴技术的原型方案时，创造适宜原型的工作环境是一个很大的挑战。有时一个原型的功能只有在具有快速原型制作工具的情况下才能被测试。

测试的人群

原型的测试并不局限于对目标群体或交互式城市应用程序的感知用户进行测试。当在复杂的环境中测试时，测试原型的同时也要考虑所有利益相关者。利益相关者可以是人或者组织，并担任主动或被动的角色。主动的利益相关者会积极参与智慧城市方案的构思、设计和推广。这些主动的利益相关者包括市议会、道路和安全管理局在内的城市各部门，运输供应商、土地所有者和管理者等机构。被动的利益相关者指直接和间接的目标群体，即用户。将他们称为被动的，是因为他们对设计过程没有任何直接的贡献。即使采取参与式设计或社区参与等方法时，他们的贡献也不是直接的，因为对这些方法所得数据进行分析和整理都是在反馈到设计过程之前。

虽然最初将目标群体描述为"被动"似乎不太合适，但这种命名方式强调了使用适当的方法让这一群体参与原型试验的重要性。此外，一旦城市应用程序发布，利益相关者的角色便颠倒过来。这时目标群体成为主动的利益相关群体，他们将定期与干预措施进行互动；相反项目背后的组织团体会变为更加被动的角色，这些组织需继续参与、观察和回应应用程序实际使用过程中产生的任何调整。

在城市应用程序的原型测试中，应当考虑所有的利益相关者，不同利益相关者在设计过程的不同阶段进行不同程度的参与。例如，主动利益相关者在前期阶段应当参与演示模型的测试，以确保拟定的设计方案能满足所有的外部需求。当主动参与者测试时，对期望的管理十分重要。打磨完成的演示模型或视频场景会让人觉得项目几乎完成了，因为利益相关者们的知识储备难以理解提案转化为现实的复杂性。这种误解会导致对项目完成所需时间和资源的错误认知。在不清楚如何构建和交付新兴技术的阶段，通过演示模型和视频场景展示这些技术也是不妥的。对技术的过早展示或许会导致在设计过程后期的失望。

在被动利益相关者进行测试时，非常重要的一点是要确保样本能有效代表目标群体的人口统计数据。在方法论上最有效的方法是随机招募参与者作为目标群体的代表。这种方法适用于调研和访谈，同样也适用于可用性测试和实地考察。然而，招募合适的参与者并非一件容易的事情，因为很难预测谁将真正使用城市应用程序。在发明付费电话时，无家可归者很可能不被视为主要的目标群体，但今天他们代表了发达城市中大多数付费电话用户。同实验者的实际接触也非常困难。尤其是通勤者那样时间紧张的人群，很难参与到测试部分。这些人可能会在红绿灯处停下并按下过街按钮，因而与城市界面互动是他们日常通勤的一部分，但他们通常没有时间停下来接受关于使用城市应用程序体验的采访。在一项关于插件界面的研究中[253]，我们发现，很多时候不得不与实验者边走边交谈，以便完成一段仅有 5 分钟的访谈，因为实验者在工作日结束时必须抓紧时间赶往火车站或公交车站。

因此，不仅需要考虑测试的内容和人群，还需要了解和确定能将这些测试付诸实践的实际方法。在某些情况下，还需要结合其他方法，例如观察和访谈，或是将受控环境中的测试与现场测试相结合。

实验室中的测试

尽管在项目的整个阶段都会起到作用，但实验室中的测试通常在设计项目的前期阶段完成。由于应用程序的某些因素只能将原型置于户外进行测试，但实验室测试是一种得到目标群体反馈的快速且低成本的方法。

即便是向潜在用户展示照片故事板或视频场景，也能为城市应用程序的设计提供有价值的见解。故事板的原型对于获得大量观点的快速反馈特别有效。[254] 因为便于表现方案，使之能被广泛应用，故事板和视频场景对于获得潜在智慧城市方案的前期反馈十分有价值。如果能明确作为提案，它们可能带来实验者的全面反馈，这在项目的前期阶段尤其有用。

在实验室测试时，可以分阶段模拟城市环境的各个方面。例如，可以通过在大型投影仪上展示一系列静态图像或动画来进行模拟。模拟中关键的环节是所有要素都应以实际的比例呈现，这会让实验者感觉身临其境并能够完全投入。将实验者置身于投影面前，并给出他们执行某些任务的指示，然后根据他们的动作来控制图像，以反映这些动作如何影响系统的状态。这种模拟的方法同样适用于测试那些不需要任何明确的用户输入就能响应的应用程序。在我们的项目过程中，这种方法对于获得前期反馈很有效，也同样有助于更好地理解干预措施是如何适应实际环境的。

投影的演示模型可以使用现场记录的照片和视频素材制作，如果这些模型能高度模仿目标场景，也可以从网上获取。可以将干预的演示模型添加到诸如 Keynote 或者 PowerPoint 等演示软件中，以展示它们如何同环境相结合。理想情况下，这些演示模型预先用适当的工具制作好，通过软件本身添加简化的展示，也能在设计过程的前期成功传达干预效果。在项目的后期阶段，这种方法还可以和叠加在物理环境图像上的产品原型结合起来使用。

为了能在尚未分阶段的设置中收集反馈，演示模型或产品原型可以放置于日常环境中，如实验室或办公室，目的是产生环境测试的场景。在这种测试设置中，重点不在于对环境的模拟，而是原型应具有实际的尺寸。其中典型的一个案例是张贴在我们实验室墙上的"社区计分板显示器"全尺寸打印演示模型。由于它的尺寸和不同寻常的外观，实验室的来访者总会在访问过程中进行评论。这使我们能开展关于这个研究项目的谈话，并测试人们对已提出设计的理解。用此方法我们得以确定其中一个可视化效果过于模糊，从而使得我们在部署之前对其进行更改。环境测试不仅有助于获取关于细节的反馈，还可以用于对潜在概念的评估。在项目过程中，我们可以和人们就更大的问题进行交流，如电力使用和节能问题。尽管这些谈话是非正式的，并没有被记录和分析，但我们仍能考虑将这些观点用于接下来的设计阶段。

户外的测试

任何与公众互动的智慧城市设计方案最终都必须在户外进行测试。在很多商业计划中，如果有这种情况，目前也只能通过试验来解决。产生这种问题的原因在于智慧城市方案自上而下的特征，以及由大型跨国公司提供的方案通常是预先开发好的系统这个事实。一旦在系统开发上花费了大量资金，那么在系统发布之前进行测试会遇到强大阻力。很多情况下，这种阻力是来自双方的——出售方案的公司和购买方案的城市部门。城市各部门面临的挑战在于必须应对严格的时间周期，这通常由选举周期和预算限制决定。

虽然试验是测试新方案的常用方法，但也面临着一些挑战。人们或许会将正在试验的方案当作永久的方案。这个问题可以通过媒体发布信息和现场标识来告知人们试验的情况（图74）。试验的差错很容易导致负面的新闻报道和公众指责，这可能会扼杀未来的迭代甚至整个项目。试验的成本和资源密集型特征意味着没有多余的预算和能力去做任何替代方案的试验。因此，通常伴随着不允许失败的心态进行试验，而并非把它们视作寻找理想方案的迭代。

由于面临着投入试验的大量资源和公众失败的风险，应当尽早在户外测试方案。户外测试在我们的试验过程中是一个非常关键的步骤，使我们能收集关于人们如何参与我们干预措施的第一手观测资料。但不幸的是，即使对于小型的测试，所需的权限数量也是一项难以克服的挑战。

> "为了测试街道上的所有事物……利益相关者之间超乎预料的争吵、谈判、规划和风险评估都是不可避免的。"
>
> ——丹·希尔（奥鲁普公司副董事）[255]

在大学里进行的研究让我们能将大学校园作为一个现实的实验环境，进而应对其中的一些挑战。我们将这种方法称为"校园部署"，尽管这并不局限于校园之中。我们的想法是确定一个与目标环境特征十分相似的城市环境，同时也是一个更加可控的空间。这种方法减少了为获得户外试验许可而需协商的组织机构数量，但这种方法也限制了测试本身及其有效性，因为校园人群的特殊性以及某些城市要素难以在校园获得。例如，我们无法测试一个设计放置在公交站点的数字显示器。虽然我们的大楼外面就有一个公交站点，但它实际上是在校园外面，因此属于不同利益相关者的管辖范围：地方议会、道路和安全管理局以及负责维护公交站点的广告公司等。

另一种是在城市节日期间部署原型，称之为"节日部署"。需要涉及协商众多的利益相关者进行试验审批和复杂风险评估谈判的试验方法。在悉尼，通过在地方节日的官方展览的几个项目中展示我们的研究原型，如灯光、音乐、创意等。由于节日的组织者已经与市政官员密切洽谈合作，他们能够就所需的许可证和风险管理策略进行协商。虽然节日期间是观察大量人群与研究原型互动的好机会，但这种方法的缺点是人们在节日期间的行为总是与平时不同，不能代表目标群体在特定地点通常的表现。此外，从管理者的角度来说，原型本身需要符合节日的整体计划，这也会受制于外部的需求，并影响视觉表现。

第三章中介绍的城市探查也可以用于原型的户外测试。城市探查遵循一种混合的测试方法，因为它将工件在真实环境中的临时部署与使用招募实验者相结合，以此来收集用户的反馈。其方法与纯粹的户外研究相比稍有不同，这些反馈是从空间中的人群身上收集，而非为了参加测试而招募的实验者。

对于非嵌入式城市应用程序的户外试验，例如以移动应用程序的形式，实现起来相对而言并不复杂，因为它们并不涉及任何物理环境的改变。只需按一下按钮就可以部署移动应用，无论是网页应用程序还是使用诸如苹果的 TestFlight 软件平台。同样，由于它们属于随身携带的个人设备，设计用于城市的可穿戴设备也不需要得到城市部门的许可。然而，以户外试验的形式进行此类测试之前，这些原型需要开发完善且功能齐全。使用非嵌入式城市应用程序收集用户体验数据，使用日记是一个有用的方法（图 72）。[256] 对于允许数字输入的移动应用或其他应用程序，也可以允许人们通过应用程序提交反馈。我们在一个公共交通信息应用程序的户外研究中使用了此方法。[257] 用户通过应用直接提交评论的功能为我们提供了额外的研究数据。

可用性测试也可以在户外完成，因为它可以为人们在城市环境中使用界面遇到的问题提供额外的见解，如停车计时器上数字显示的可视化。这通常是在其他方法应用的基础上完成的，而不是纯粹为了可用性测试的目的而在户外部署原型。

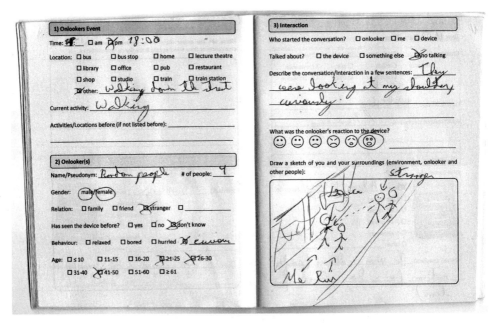

图 72　用于评估日常城市环境中进行环境可穿戴设备研究的日记条目。在这项研究中，我们要求实验者在定制的日记本中记录与旁观者和设备的互动[258]

　　最关键的是，城市应用程序的户外测试有助于揭示某些需要在最终部署时解决的问题。这些问题包括了从了解最终部署需要咨询的利益相关者到更实际的问题，如获得权力、保护嵌入式城市应用程序免遭破坏和盗窃。

城市应用程序原型的设计原则

以下原则概述了本章深入探讨的内容。它们是交互式城市应用程序原型设计的起点,并可支持其他已建立的应用程序原型制定指南和框架。

从应用原型的简单表示开始。即便是简单的模型也可以归为应用程序原型,因为它可以从各个方面思考、交流和测试未来预想的城市应用程序。模型可以是推测性的,以唤起全局对话或代表具体细节以测试城市应用程序的特殊元素。样机模型是一个有价值的起点,它可以继续用于后续产品,如显示城市环境的蒙太奇手法和视频场景,提供人与城市应用程序间更好的动态交互。

界面和体验两方面的同时探索。交互式城市应用的接口由其输入和输出控制组成。很多方面,城市应用程序的原型制造相较其他更容易。然而,整个原型化过程中有一点很重要,那就是最终原型将在城市环境中使用。创建体验原型以及创建界面原型可以确保创建城市应用程序时考虑到城市环境及其独特的特性。

原型设计的测试。原型的开发应该通过研究问题来确定,这些问题也决定了测试方法。原型可以在实验室或野外环境中测试。特定的原型可能更适用于某一种方法,尽管原型的保真度未必与实验室或野外测试相关。例如,模型形式的低保真原型可以在野外使用城市探查的方式进行测试。通常,实验室测试发生在项目的早期阶段,而野外测试则发生在后期阶段。

测试和迭代而不是进行试验。试验是测试智慧城市倡议的常用方法,结果通常是有效或失败两种。新的倡议应该通过原型测试并鼓励迭代和逐步改进,而不是进行试验。如果由于城市环境的复杂性难以实现,还有另一种方法——在替代环境中进行测试,例如大学校园或城市节日。交互式城市应用的设计和原型设计应遵循"早失败,常失败"的原则,因为这最终将促进形成更好、更有用的解方案。

　　准备部署原型。开发原型时，考虑其后续部署至关重要。城市环境的细节，例如物理位置、某个位置上的任务，甚至城市的野生动物，都可能是原型设计需要解决的前提条件，这包括在受控环境中对原型进行测试，以确定导致系统故障的不可预见的人类行为。

05

部署城市应用程序

在我们的研究项目中，通常的目标是在现实环境中部署解决方案，以测试其对城市环境的影响以及路人与解决方案之间的相互作用。一个常见的问题是如何确定实现这一目标的正确时机。原型何时成为可以推出的成品？这个问题没有明确的答案，因为在很多方面，每个城市应用程序都应该还只是个原型。城市应用程序作为底层智慧城市系统的人机界面，从未被设计完成，应用程序背后的组织也仍然需要继续对其进行开发和适应。这有时会导致不同地区推出不同模型，因为一旦部署完成，城市应用程序可能成本高昂且难以替换。例如，澳大利亚悉尼的步行过街设备没有反馈灯。澳大利亚的其他城市已经安装了后续版本的设备，该设备已经更新为包含反馈灯。同样，移动形式的城市应用程序[如谷歌（Google）地图]也会不断更新。道路系统和条件发生变化时，需要谷歌地图在应用中反映出来。新数据需要在可用时进行整合，提供新功能，例如有关公共交通的实时信息或有关道路的更详细信息，以协助寻路。

城市不断发展，城市应用程序需要与它们协同发展。一部分变化极其细微、缓慢地在发生，例如流行的交通方式的变化。另一部分更具破坏性，由外部力量引发，例如新的智慧城市系统的退出，为城市应用程序在这些系统上的构建提供了新的机会。在考虑城市设计方案的使用寿命时，重要的是区分智慧城市系统和城市应用程序。智慧城市系统可能更具有永久性。例如，交通灯系统已经在城市中使用了很长时间。虽然它们在不断发展，但速度如此缓慢，以至于将这些系统描述为原型并不合适。

相比之下，将城市应用程序描述为原型，是强调它们需要持续发展这一事实的有效方式。不断调整交通灯和位于交通灯系统基础设施上的步行过街按钮，以应对道路状况、交通方式以及这一领域的其他变化。因此，在城市中部署数字解决方案时，对于未来的论证是需要考虑的关键因素，以确保可以轻松更新、替换或添加组件。从数字寻路标牌到公交车站的广告屏幕，目前对公司和组织而言，如何在推出新的数字系统时进行未来论证是一个巨大的挑战。

城市应用程序作为智慧城市系统接口的投资只考虑其设计过程直至部署的阶段。不经过迭代和修订的城市应用程序很快就会过时，形成未使用基础架构的"数字墓地"。

在讨论城市应用程序作为城市环境数字解决方案的生命周期之前，本章的讨论一方面将从工作台转向城市环境的各个方面。另一方面，将推出城市应用程序的注意事项。

"城市一直是个实验室，用来发现什么对商业、政府和文化适用有效。"
——安东尼·汤森（Anthony Townsend），预测专家和城市规划师[259]

准备发布

通过原型设计阶段并考虑交互式城市应用在部署到城市环境时遇到的情况，为把工作台迁移到野外提供了坚实的基础。本节将介绍发布城市应用时需要考虑的具体方面。

周期和时机

城市应用程序是智慧城市系统的接口，但城市应用程序的推出可能不一定与新智慧城市系统的启动相关。重要的区别在于，城市应用程序允许静态发布和测试不公开的系统。整个智慧城市仪表板控制室，如 IBM 在里约热内卢的控制中心，可能会在没有任何公众知晓的情况下运行数月甚至数年。实际上，类似的控制室正在世界各地的城市中运行，尽管他们很可能规模较小，并且在许多情况下具有更具体的使用目的，如控制公共交通基础设施。

交互应用形式的城市应用程序是智慧城市系统中最公开的部分。作为公民接触和体验城市的方式，它们是智慧城市系统的接口。城市应用程序的发布若没有向公众告知，将会很难推广。因此，认真准备和安排应用程序的发布时间将非常重要。

城市应用程序原型设计的原则之一是"早失败，常失败"。发布城市应用程序时，产品成功发布的机会通常只有一次。公开的失败，特别是在使用纳税人的"钱"时，对媒体来说很有吸引力。启动发布不只是确保城市应用程序在技术上过关，技术的实施性和可靠性测试已经在野外的原型评估中进行过。这些原型评估不会和城市应用程序的发布相混淆，评估作为一种试验，结果需要被明确传达。在这里，与研究机构（如当地大学）合作非常有价值，因为它们提供了低风险的测试环境。媒体对研究失败的兴趣远比不上公开试验的失败。

正确推出城市应用程序也是获得智慧城市计划的进一步投资和公众支持的决

143

定性因素。考虑到城市应用仍然是原型，他们需要继续发展，确保持续的资金和支持对于城市应用的生命和长期成功至关重要。

考虑发布日期之前，有必要考虑发布之后的所有方面。最重要的是，如果出现问题会发生什么。谁将来维护城市应用程序？让某人来解决某个问题需要多长时间？

决定发布日期时，应考虑季节、公众假期和学校假期等因素，因为它们会改变城市生活动态。如果可能的话，在安静的学校假期期间发布城市应用程序是理想的选择，这意味着有一段时间来消除故障，并在公告发布消息之前观察、收集人们的反应数据。发布的时间点也同样重要。当城市的通勤者忙于上班途中时，选择早上发布？或者在午餐时间，又或者人们从工作中抽出时间去吃饭或锻炼时发布？

发布公告的策划需要营销和传播部门的支持，如果没有这样的部门，可能需要与外部机构合作。本地新闻报道可以帮助提高知名度，至少应该在授权机构的公共网站上发布新闻。理想情况下，任何营销和宣传材料都应以一种易于人们在社交媒体上分享的形式编写。这可以让公民对这种新产品产生归属感，并成为相关想法的倡导者。

在某些情况下，特别是对于具有强大地方社区的城市地区进行干预时，可以在当地设置显眼的展位。从大品牌推出产品的方式中也可以学到很多东西，例如在旗舰店的橱窗中展示新季节的服装产品。苹果公司设法在他们的新产品推出期间创造大量兴奋点，使得人们为了第一个获得新产品，甚至在商店门前过夜。

在策划发布时，反思如何管理变革也很重要。对变革作出负面反应是人的本性，变化意味着我们可能不得不花时间重新学习我们已经熟悉的活动。即使新的做事方式可能更直观，但由于我们已经掌握了以前的方式，也会对变革产生抵制。即使新的交通智能卡理论上使公共交通出行更容易，也要求人们改变他们以前熟悉的过程。在软件世界中，Facebook、谷歌和其他公司都曾因为过快改变人们熟悉的界面而犯错。但他们从错误中吸取了教训并制定了管理变革的策略。[260] 以上案例为交互式城市应用程序提供的参考方法是，在发布过程中创造兴奋点（苹果的策略），通过巧妙的改变让人们慢慢适应新事物（谷歌的策略）。

考虑部署程序的周期与考虑发布时机一样重要，同样需要通过公开途径清楚地传达。大多数智慧城市系统及其公民界面都是为了长期保留而设计。但有时城市应用程序可能具有临时性质，例如，提供有关季节性活动或节日的基础设施，或收集当地社区关于公民问题的反馈。[261] 程序开发周期对城市应用程序设计及其嵌入城市环境的方式都有很大影响。

144　　另一个重要的考虑因素是城市应用程序是否能在每天的 24 小时和每周的每一

天工作，有时这可能难以实现。例如，为城市屏幕提供全天候以及全年内每天的数字内容并非易事，这导致了许多城市屏幕的永久关闭，成为可见的公共投资失败的案例。

城市应用程序通常最好仅在特定时间工作，稀缺可以把平凡的事件变成特殊的时刻。例如，纽约时代广场广告联盟和时代广场艺术公司在时代广场创造的午夜时刻电子广告牌上进行同步数字艺术展览。展览活动从晚上 11：57 开始，直到午夜，创造一种不同于白天的独特体验，使其成为公民和游客的目的地。同样，城市小型节日（如"生动悉尼"）的成功也与它们仅在有限的几天内展开有关。这些作为一年一度的活动让人们充满期待。

政策与程序

交互式城市应用的开发通常需要有关政府部门的批准。这也是为什么一定要在设计过程中将这些组织列为利益相关者，他们的加入会协助程序获得必要的批准。例如，Alphabet 公司的城市创新组织人行道实验室在纽约部署信息亭需要与纽约大都会运输管理局等地方政府部门进行谈判和合作[262]，人行道实验室即使背靠世界上最大的企业集团①，拥有所有必要的专业知识和资源来设计和建造自助服务亭，如果不与这些权威组织合作，他们也无法部署这些信息亭。

图 73 人行道实验室连接的纽约信息亭需要统一与当地组织协商合作，以确保其在纽约公共地区的部署顺利进行

[图片：瑙·奥卡瓦（Nao Okawa），flic.kr/p/FezDBP]

---

① Alphabet 公司是谷歌的母公司和谷歌的前子公司。

在政策和法律要求框架内思考和工作，是城市的数字化解决方案无法在另一个城市轻松推出的原因。每个国家、每个城市，通常还有每个郊区或地区都有自己的政策和要求。这似乎是反生产的，但反映和尊重每个地点的价值观、意见和要求十分必要。因此城市和地区的独特性也使人们在生活、工作和参观的过程中感到兴奋。

部署交互式城市应用程序所面临的挑战并不需要考虑诸多政策和法律要求，而是获取审批的过程效率低下、进展缓慢。有时，本地需求涉及的审批过程，可能需要几个星期甚至几个月。因此，在部署城市应用程序之前，熟悉当地的政策和程序非常必要。例如，当我们部署邻里记分板原型时，最初被当地委员会告知，我们要获得许可就必须经过开发的批准流程。这是在澳大利亚进行新建筑设计和建造的重大开发时所需的法律文件。尽管我们不打算对建筑环境进行任何结构性的改变，但显示器影响了参展家庭的建筑外立面，因此需要开发许可。但是，由于我们在初始设计阶段已经与地方议会的代表合作，作为管理相关要求的内部资源。由于干预的临时性质以及它是由学术机构驱动的非商业性举措，我们通过这种合作的方式确定我们的干预申请可以获得特别批准。

政策和法律要求确实可能为创新带来障碍，因为过时的规则无法推动新技术的发展。例如，无人机和自动驾驶汽车的使用，这两种新技术将影响我们使用和驾驭城市的方式。有时需要创造性的方法来协商这些法规。当荷兰艺术家、发明家达恩·鲁斯（Daan Roosegaarde）发现一种运用自发光道路标志的新方法来提高

图 74 放置标牌警示临时改变的道路环境，帮助引导当地政策和法规的改进

夜间行车的安全性时，他并没有被允许在公共道路上实际使用这种新材料。[263] 问题在于，新的自发光分界颜色不是荷兰道路和安全法规定使用的颜色。规避这条规则的方法是在路边设置一个临时标志，警告司机路况改变。随着该项目开始接受国际媒体报道，荷兰公路和安全部门允许永久性、大规模推出这种新的智能公路技术。

因此，原型及其部署也可用于挑战过时的立法，这对于互动城市应用的成功至关重要，因为许多政策和法律并未考虑到新兴技术所提供的可能性。

也可以通过聘请熟练的专业人员进行外包来满足法律要求，例如建筑师、城市设计师、装配工、电工等，由于他们的专业培训和日常经验而熟悉法律要求。在部署交互式城市应用时，也需要考虑安装公园长椅或路灯的法律程序。

分期成功

城市应用程序依据时间分阶段序列进行部署，以管理用户期望，并以此强调应用程序的迭代价值超过部署。例如，澳大利亚布里斯班市使用标牌告知人们在红绿灯处将分阶段部署新的倒数计时器（图75）。使用现场标牌使这个分期过程对人们透明，并有助于变革管理。然而，理想情况下，此类标牌还应向人们提供有关如何提供反馈或以其他方式参与的信息，以真正承认他们是设计过程中的积极参与者。

图75　澳大利亚布里斯班的现场标牌，告知人们行人交通灯上正在开发新的倒数计时器

图 76 奥地利维也纳第 43 个红绿灯处安装的 "Ampelpärchen"（交通灯对）变得非常受欢迎，以至于该市决定将它们永久地部署在维也纳的交叉路口。他们的成功是通过与当地活动的战略协调来达到全球媒体报道的效果

城市应用的发布也可以分期，以创造预期和舆论，有助于部署的成功，并可能吸引进一步的资金和机会。例如，奥地利维也纳市安装的新的行人交通信号灯，灯上显示的是一对夫妇而不是常见的简笔画（图 76）。该项措施最初并不打算获得广泛接受，但由于它与当时在该市发生的事件相一致，促进了社会的宽容和相互尊重，因此发布非常成功。该倡议在全球媒体中得到广泛报道。该市决定进行为期两个月的部署，并在其他十字路口推出了"夫妻红绿灯"。一个当地的右翼政党直接批评其中带有夫妇和同性恋夫妇图像的交通灯，认为它浪费了纳税人的钱。[264]这个例子也很好地说明了一个事实：即使是成功的公共干预也会遭到批评。

让本地干预成功地引起全球关注的有效方法是创建项目的可共享视频文档。例如，大众汽车的趣味理论计划赞助的钢琴楼梯被视频记录并在全球范围共享。该倡议探讨了使用数字技术来增加身体活动。为此，瑞典斯德哥尔摩地铁站的一个楼梯变成了一架实体钢琴，每个楼梯代表钢琴上的一个琴键。踩着楼梯触发了各自的钢琴曲调。该计划表明，通过使楼梯变得有趣，更多的人会使用楼梯而非附近的自动扶梯。该视频收到了超过 2200 万次观看，激发了全球许多类似的举措。

城市 App 的生命周期规划

在理解现实环境的基础上，对产品进行初始设计，此时，App 便开启了生命周期的第一阶段。然而，设计归咎于设计，只有将 App 真正投放到建成环境中，并逐步被用户使用、评估及采纳，才真正意味着产品的成功开发。尽管在设计之初，App 的生命周期就已正式启动，但更具挑战的是产品在应用于建成环境后，能够实现不断的适应与动态调控。

循环阶段与生命周期

理论上来说，城市 App 的生命周期从未停止。借鉴生命周期这一概念意味着 App 将在部署之后不断升级换代。部署是指 App 从设计的第一阶段进入应用的第二阶段的转变过程（图 77）。甚至在部署之后，城市应用程序有可能在两个循环之间不断反复。比如，在可控的建成环境中，对产品进行必要的设计、测试与更新，改变原有程序的内部硬件，促使更新后的产品再次获得成功。

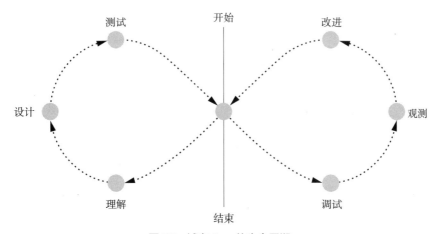

图 77　城市 App 的生命周期

在产品和软件设计中，使用版本更新非常普遍。例如，智能手机、智能手表、电脑甚至吸尘器等都以新产品名称或新编号发布。从营销的角度来看是行之有效的，同时也和人们对产品以及产品年限的心理预期变化相适应。此外，版本名称或数字的更新变化使得产品更容易互相比较。针对软件，通常的做法是使用版本号进行大规模更新，或使用补丁程序进行小范围更新。即便像操作系统这类大型软件包也遵循这一模式。然而，许多 App 能够自发更新，使得用户对这些更新毫不知情。例如在线 App——Facebook，由于 App 通过中央服务器加载，因此，只要用户对网页进行访问，就可以不断改进和更新 Facebook。如今，因为加载设备具有持续连接互联网的能力，即便对于计算机、智能手机和其他设备上的脱机 App，也能实现自主更新。因此，不再需要用户通过令人厌烦的更新对话窗口或者点击获取最新版本，这大大改进了用户体验。

版本号除用于软件更新外，也在其他新兴平台得以应用。例如汽车行业，特斯拉遵循每隔几个月发布一次更新模式，而 Google 也不断针对自主研发汽车，推出软件更新。汽车能够持续连接互联网，使得远程安装成为可能，安装过程也不需要用户进行主动干预。

相比之下，城市交通界面装置则不具有用户可读的版本号，如交通灯和触摸屏亭。即便它们有用于维护的生产序列编号，但这对市民来说并不重要。版本号的概念对于城市 App 的更新是有用的。版本号清楚地表明，城市售货亭中使用的触摸屏将在未来 20 年内消失。之前已推出如垃圾箱、公交车站和公用电话等城市基础设施，但与涉及数字解决方案的城市 App 相比，这些基础设施有着与众不同的生命周期。互动式 App 的应用需要从产品和软件设计中进行，并使用它们已建立和验证的技术模型，确保为更新城市 App 设置保障机制。假设一个城市售货亭能够与互联网有效连接，那是不是可以像 Facebook 或者 Google 自动驾驶一样通过按键就可以进行远程更新了呢？

不断改进和调整的过程并不伴随城市 App 的投入使用而就此终止，智慧城市解决方案需要与时俱进。鉴于智慧城市系统的复杂性以及所需要实现的多目标性，有必要明确构成智慧城市系统组件的运行周期。基于斯图尔特·布兰德模型的多图层技术描述建筑物[265]的不同生命周期（参见 03 章），可识别不同时间寿命下的四种智慧城市系统组件：系统基础设施、物理接口、控制接口和软件接口（图 78）。

系统基础设施由硬件和连接线组成，为城市 App 的实际运行提供重要保障，例如，电力、网络、无线连接集线器以及通过有线或无线方式收集的必要数据，这些数据经由系统基础设施反馈至城市 App 的传感器。传感器可嵌入城市道路系统中，用于监测十字路口车辆或行人的交通流量。系统基础设施组件的寿命通常维持在 5~20 年及以上。基础的通信设施能够持续更久，如用于电信的铜线，而其

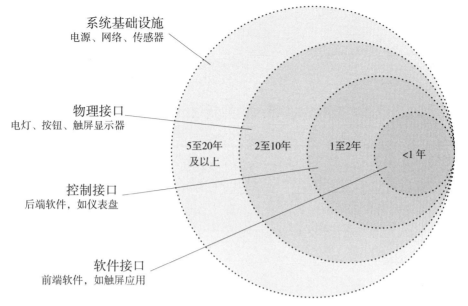

系统基础设施
电源、网络、传感器

物理接口
电灯、按钮、触屏显示器

控制接口
后端软件，如仪表盘

软件接口
前端软件，如触屏应用

5至20年
及以上

2至10年

1至2年

<1年

图78　智慧城市系统图层及其生命周期

他的系统基础设施元件则需频繁地更换升级，如传感器。

　　物理接口包括显示器、照明组件、按钮等，是城市居民同智慧城市系统发生交互作用的基础。例如，数字触摸屏亭的互动行为通过屏幕的物理感知得以发生（表2）。物理接口的寿命通常为2~10年，取决于界面的坚固性和复杂性以及其他外部因素。例如，行人交通灯上的按钮具有较长的使用寿命。这类按钮的外观往往具有持久性，其功能也较为稳固。然而，像纽约时代广场等标志性场所的媒体，传播设备的立面具备规模大、成本高等特征，其使用寿命要短得多，这些场所往往用于展示公司现阶段的最新创意成果。这里的产品更新周期并不是由物理接口技术的耐久性决定，而是由最新产品吸引广告客户和促进业务的外部需求驱动。

表2　城市 App 的构成要素举例

组件	交通信号灯	触屏式贩卖亭	实时交通 App
系统基础设施	电源供给与控制感知网络	电源供给和无线网络连接	传感基础设施（如装载于公交的 GPS 位置追踪系统）
物理接口	信号灯输出系统，引导驾驶员、行人交通行为；路网按钮、传感器输入系统	触屏作为输入、输出系统	用户智能手机
控制接口	面向城市管理者与交通规划的控制接口；连接输入、输出系统的控制软件，具备宽泛的系统算法	实现监测使用状况、推出系统更新等功能的控制接口	监测、管理实时交通数据的控制接口
软件接口	软件驱动交通信号灯的信息显示	软件提供基于触屏的用户交互体验	手机 App 作为输入、输出系统

此外，还可以通过添加静态信息（例如用于提供附加信息或指令的标签）来更新物理接口。

　　控制接口用于管控智慧城市系统后端。不能由城市居民直接接触，而是由政府及其相关技术人员进行操作更新。通常，控制接口是类似数字仪表板形式的软件解决方案。控制接口能够对智慧城市系统进行有效配置与监控，包括针对城市 App 开展基于软件自身的适应性调整。控制接口的寿命一般在 1~2 年，但并不意味着在那之后必须被完全替代。反之，通过对控制接口的更新升级（比如为系统基础结构增添新型传感器元件），能够有效提升智慧城市系统的可操作性、互用性。

　　软件接口是城市 App 同用户直接发生交互作用的系统组件，如城市触摸屏亭上的数字接口。因为软件需要不断更新，它们的寿命通常为 1 年甚至更短，以确保显示内容的相关性与时效性。然而，并非所有的城市 App 都具备软件界面。例如，StreetPong 设备配备基于软件的控制接口（图 79），但传统的行人按钮设备仅由物理接口元件（图 39）组成。因此，在设计阶段需要充分考虑交互式城市 App 的使用周期，并同步配备用于软件接口的更新机制。

失效的策略与维护

　　除了城市 App 的设计本身存在问题（参见 03 章），以及在测试过程中出现故障（参见 04 章）外，还应考虑在运行期间进行有效管理维护以规避发生故障的风险。简易的维护方式可内置于城市 App 的软件系统中，以确保在失效的前提下能够继续运行。例如，软件系统可采用检测机制，判断软件程序何时崩溃并自动重

图 79 StreetPong 设备（最终改名为 ActiWait）用兼有物理和软件接口元素的交互式应用程序取代传统行人按钮
[图片来源：阿梅莉·金泽尔（Amelie Kuenzler）/尚德罗·恩格尔（Sandro Engel），urban-invention.com]

新启动程序。尽管这可能导致城市 App 提供的服务暂时中断，但在非关键系统（如触摸屏亭）以及用户具有多个可用设备的情况下（如火车站的智能卡阅读器），启动重启程序是一种权宜之计。

基于新兴技术设计交互式城市 App 的关键步骤在于提出应对失效状况下的维护策略。考虑的问题越多，意味着基础系统的设计更为复杂多样。虽然行人按钮设备是一个相对简单的系统，但像传输智能卡阅读器这样架构在数据库、数据连接和相互依赖的精密运行系统之上的设备却很容易出现问题。

面对针对未配备故障响应机制的城市 App，或是由传感器之类的硬件所引起的运行问题，需要及时向维护团队自动发送故障报告。因此，任何情况下，都应该对城市 App 的界面行为进行人性化设计，以确保 App 能够向用户传达有效信息，及时发现设备的运行故障（图 80）。

此外，需要定期维护设备以确保城市 App 及其接口组件的正常运行。例如，触摸屏需要定期清洗、定期测试日常使用功能。由于维护需求会对项目的成本和运营模式产生影响，因此，需要在设计阶段充分考虑。采用已有城市基础设施的维护方法也是可行的。例如，城市公交车站的日常维护由广告投资方赞助，类似模式也可以应用到城市 App 的设计和运行中。

图 80 传输智能卡读取器上的故障信息（澳大利亚悉尼），该信息对用户不可读

对社区与环境的影响

交互式城市 App 会对周遭的社区环境产生潜在影响。例如，音乐秋千（图 5）能够激发空间活力，但同时会对追求安静氛围、事业隐退的其他人群造成不必要的干扰，还包括由于安置音乐秋千导致交往空间的隔断。因此，城市 App 的部署需要更为全面地考虑对社区环境的影响。在设计的初始阶段，纳入本地社区居民开展广泛的公众参与，确保在 App 应用之前解决冲突和问题。

城市 App 也会给自然环境和资源带来额外的压力。例如，大规模 LED 的媒体立面经常因高电耗而受到广泛批评。然而一些项目，比如在中国北京安装的绿色像素零能源墙，通过太阳能电池板为媒体设备立面供电从而解决高耗能问题。此外，更新升级后的 TetraBIN 能够最大效率地使用太阳能，这不仅减少了对环境的影响，还使得未接入电网的地区能够使用垃圾箱。

在艺术节期间或作为营销活动的一部分而临时部署的城市 App 也应考虑其后续处理可能造成的环境影响。理想情况下，这样的装置可以在其他城市存储和再利用。然而，不幸的是，现实情况下存储费用昂贵，而且将复杂的设备运输到其他城市通常比在本地建造的成本更高。

同时，考虑环境影响也可以为城市 App 的设计和应用提供新思路，从而促进更可持续的生活方式。例如，使用公共电力的信息反馈可以鼓励节能行为，并提高当地社区对环境问题的紧迫认识[266]；停车传感器可以减少汽车在寻找停车位的过程中造成的二氧化碳排放。

城市 App 的实施原则

以下原则支撑城市 App 在建成环境中的有效实施。使用者对 App 的需求很大程度上取决于城市 App 的类型和规模以及基础的智慧城市系统。因此，这些原则不但能够作为城市 App 的指导方针，还可形成具体的建议。

学习借鉴其他地区的有效经验。在准备投放交互式城市 App 之前，向其他地区获取已有的类似经验十分必要。这些设备的成功实施和应用的经验教训有助于避免绕弯。与此同时，查阅相关的研究文献和公开发表的产品白皮书同样有益。在某些情况下，技术供应商还提供关于产品应用的有效信息。然而，产品发布不应仅依赖于供应商信息，因为他们往往闭门造车且对现有研究和案例的风险一无所知。

考虑产品投放的时间节点及其动态性。在准备产品投放时，决定参数（如投放的时间节点和时间段）非常重要。这些参数需要和其他方面一起考虑，例如影响产品实施的执行方式和用户的潜在感知（目标受众群体或其他关键利益相关者是否出现）。根据产品与用户的交互特点，决定了城市 App 是全天候还是全年运行，又或仅在一天或一年的特定时间运行。

注重公众参与的主动介入。智慧城市的解决方案往往将公民视为被动要素。然而，市民的主动参与能够实现城市 App 的成功应用。也就是说，App 的设计开发需要考虑公众在其中所起的作用和担当的角色，而不仅以告知的方式使其被动参与。此外，当 App 的实施会对现有的建成环境、基础设施服务产生影响时，设计者还需要详细评估这种改变对当地社区的作用。

应对设备故障与维护的前瞻性规划。城市 App 具有复杂的技术系统，在运行中很可能出现一系列问题。因此，城市应用程序的部署应做好应对失败的策略。这些应对措施包括重启应用程序的脚本自动编写、向维护团队发送问题信息报告等。显然，App 设计贯穿产品运行的全过程，需要对其进行周期性更新和定期维护，以规避故障风险。

了解并执行各项规章制度。在公共空间进行 App 部署需要得到有关政府部门的批准，并且需要遵守地方法规。不同的规定适用于城市的不同功能区域，如十字路口、繁忙的主干道和步行区或居民区设置的规章制度就大相径庭。

把握利益相关者的期望。重要的是评估所有对 App 有投资兴趣的利益相关者的期望。具体可通过阶段性的产品部署、讨论评估和修改干预措施等一系列策略实现。理想情况下，在产品发布之前，应该进行内部的预期评估，这可通过与大学或其他研究机构合作实现。基于传播新闻途径有助于清楚地传达产品目标，也有助于管理公民和其他利益相关者的期望和关注。

记录产品实施过程。当城市正在寻找来自世界各地的智慧城市解决方案的实例时，确保成功启动的项目能够容易地被共享至关重要。使用视频记录城市 App 的实施是一种有效方法，因为视频易于在社交媒体和演示文稿中展示。由于许多项目只有一次录制视频片段的机会，导致在处理技术问题和围绕城市 App 部署的协商规则时很容易丢失必要信息。公开提供产品的材料文件可进一步促进利益主体的参与并面向全球开放（图 81）。

图 81　TetraBIN 项目的视频文件在全球传播开来，包括在中国的电视上播出，这使得 TetraBIN 项目能够在世界各地得到进一步发展
［图片来源：史蒂文·白（Steven Bai）］

06

尾声：
未来之路

如何开始实施

互动式城市应用程序可以从一系列方案中产生。多数情况下，它们拥有一个简短的开头。无论是电影节策展人、行业赞助商，还是政府资助机构，即使在学术研究中也会有一些客户。有时城市应用程序可能作为对设计挑战的回应而开发的，或者可以由当地社区提出并实现。城市应用程序可以从一个问题或一个观察开始，思考如何通过改善一些问题激发一个设想。在大的市域智慧城市方案中，城市应用程序代表项目中的数据流或交付成果，并作为项目实施的一部分推出。本节讨论启动城市应用程序项目的常见方法和技巧。有些策略适用于对启动智慧城市项目感兴趣的研究人员、个人或小型组织；有些倾向于更大的组织和政府机构。

客户驱动方案

客户常常倾向于直接跳到解决方案。由于他们熟悉问题及其背景，他们清楚地知道他们需要什么样的解决方案。设计师的职责是批判性地质疑他们被要求设计的东西是否真的能帮助客户实现他们的目标。这可能会很棘手，因为客户通常不会接近设计人员来质疑概要（也不会付钱）。但设计干预的成功很大程度上取决于深入理解。客户的概要可能基于错误的期望或对所需要的解决方案的误解。

"如果有人要求我们安装城市屏幕，我们首先要弄清楚他们为什么要安装城市屏幕。"

——格伦·哈丁（Glenn Harding），城市屏幕制作机构常务董事

（个人采访，2015年3月4日）

迄今为止，由于城市用户体验设计还处于起步阶段，没有多少创新的城市应用程序产生于客户驱动。城市应用程序有时作为营销活动的一部分，因为在公共空间使用临时互动装置越来越受到大公司的欢迎。尽管这些举措都是本地化的，并且只在短期内（一天到几周）存在，但通过视频记录并在社交媒体上发布非常有效。

例如，在前面章节中介绍的瑞典斯德哥尔摩的钢琴楼梯就是与大众汽车有关的临时干预。尽管该项目只进行了很短的时间，但它在世界各地都被当作参考案例。其他方案与品牌或赞助其实施的公司有更明显的联系。例如，快餐连锁店麦当劳资助了一个营销活动，通过路人与虚拟的麦当劳叔叔互动来增强现实干预。这一干预举措与他们的"零钱运动"一致，使得人们在通过数字屏幕叠加到物理环境上的虚拟环境中找零钱（图 82）。

这些行动驱动的举措在建立互动城市应用的新兴领域中发挥了重要作用。尽管短暂并具有商业性，但他们提升了现有数字体验的边界，呈现出新的应用机会。随着技术的成熟和便利，同样的原则可以应用到干预措施中，来增强城市中的日常互动。

社区项目与市议会的合作

市议会经常呼吁，为解决辖区宜居问题的项目提供资金。参与到与市议会合作的融资计划不仅拥有了财政支持，还会获得无价的公共空间部署和测试技术的

图 82 一个显示在城市屏幕上的互动应用程序，用来推进麦当劳的"零钱运动"。该应用程序允许路人与叠加在实时摄像头上的虚拟角色进行交互

[图片：奥斯卡·尼科尔森（Oscar Nicholson）]

许可。市议会可能会将项目与其相关的其他利益相关者联系起来，为该项目提供有价值的投入。

例如，在 the Vote As You Go 项目中，我们与悉尼地方政府管理局（LGA）的理事会合作，开发城市屏幕社区参与策略。通过与 LGA 的合作，我们能够接触到他们的社区参与部门。我们最初与这个部门的代表进行的非正式谈话成为这个项目的关键。这些谈话使我们更好地将研究目标与正在进行的参与计划结合起来，增加了研究的生态有效性。他们的代表参与我们的实地研究，并随后和参与社区的专家通过结构化焦点小组收集数据。通过焦点小组收集的数据，是总体研究结果的额外投入。

在申请市议会资助计划时，同样重要的是找出目前的痛点或问题所在，同时要保持提出的解决方案与市议会的目标一致。许多公共组织在其网站上公布目标或战略计划，为准备资助申请提供有用的参考点。

公共组织的预算拨款受到严格限制，通过社区赠款发放的资金有限。不过，他们通常会管理政府对新场地开发或重大升级项目的投资，比如对交通枢纽的投资，规模在数百万至数十亿美元之间。这种大规模的发展有时会提供机会进行数字干预的试验，与整个项目相比，这种干预具有低成本和低风险的特点。例如，可以通过数字定位伞或支持当地社区的数字技术来实现。[267]这种情况下，城市应用程序出自一个机会，而不是一个特定的问题。

节会展览

公共空间的立法和城市政府的风险管理并没有为设计干预的部署和测试提供激励的环境。城市环境作为设计空间，由复杂的网络组成，它不仅包含文化和社会维度，还有政治层面。与设计干预出错相关的风险通常被认为过高。公众媒体对政府主导项目的失败的关注，影响了政府进行试验的意愿。除了负面的新闻报道外，还面临一种风险，即实验设计干预可能会干扰政府公共部门正在进行的策略和活动，这可能会使他们的客户感到困惑。

因此，有时以艺术的方法作为初步探索，快速测试一个设想更为有效。这降低了通过冗长的审批流程的复杂性，也降低了地方政府战略混淆的风险。例如，作为公共节日的一部分，我们将"未来原型交换"（图 65）部署在公共建筑的门厅中。这一方法得到相关政府部门的充分支持，并最终使得项目圆满完成。即使原型部署在一个孤立的环境中，我们依然能够展开研究议程。地方政府部门可以正式支持和推进这个项目，由于不在现有的基础设施之内，因此不太可能与他们自己的措施混淆。

公共艺术节在全球范围内越来越受欢迎，经常会要求一些有融资机会的项目。在悉尼，公共户外艺术节 Art & About 包含了整个城市的装置。"生动的悉尼"第一次在 2008 年展示，特色是展示城市灯光装置的特定轨道。目前类似的灯节在全球范围内举行，比如中国北京的"Switch-On"、日本神户的"Kobe Luminarie"、德国柏林的灯节和加拿大蒙特利尔的"Montréal en Lumière"。

除了获得资金外，公共节日还为城市设计干预提供了一个很好的试验台，因为节日组织者会完全按照立法程序的要求在公共空间内安装装置。他们还推广活动和宣传艺术节的特色作品，确保公众真正地看到并参与干预互动。2017 年，超过 200 万人参加了为期 23 天的"生动的悉尼"活动。也许有 200 万人与设计干预进行互动，这是不可能在受控的可用性实验室环境中复制的。

当然，在节日环境中人们的表现行为总是不同的，这会影响从节日部署收集的任何数据的生态有效性。此外，设计师还需要符合节日策展人的要求，他们可能对设计干预的视觉外观有特定要求，以确保所有的个人作品都有助于总体的节日体验。一旦一件作品通过节日在公共空间展示出来，之前的成功安装经验会使其在另一个环境中的重新安装变得更容易，并可以通过真实的案例来反驳任何关于安全性和保密性的担忧。

资助型研究课题

在学术界，最常见的资金来源仍是研究经费，其中提供资金最多的和最受欢迎的就是政府计划的资助，如美国国家科学基金会、欧盟委员会、澳大利亚研究理事会。作为受欢迎的资金来源，这些赠款极具竞争力，有些计划只能资助十分之一的申请者。

大型计划通常也会资助研究项目，而不是特定项目。因此，有必要围绕一个研究问题撰写此类资助申请，并尽可能详细地解释资金将如何帮助解决这个问题。不幸的是，设计项目是出了名的资金不足。设计常常被描述为一门高度定性的学科，这使得演示可量化的成功度量变得困难。设计领域通常在评估小组中也没有充分的代表，导致缺乏能够审查和评估基于设计项目的专家评估员。

因此，一个有效的策略是寻找规模较小的融资计划，通过信托或基金会进行管理，通常成功率较高，尽管可发放的融资预算较低。另一个策略是申请由行业合作伙伴提供资金的资助计划，这类资助包含一个在研究执行过程中具有价值的合作伙伴网络，通常成功率也较高。

获得科研经费对于启动城市应用程序项目来说是一种耗时的方法。不仅准备一份申请要花费很多时间，在获得正式资助之前也需要计划一年的时间。这使得资助那些处于技术前沿的项目变得困难，一年前提出的想法可能在资金到位时就过时了。然而，申请研究资助的优势在于，你可以撰写项目摘要，因此可以完全控制提议项目的类型和参数。

编程马拉松

编程马拉松运动在政府组织中很受欢迎，被认为是一种为城市现存问题寻找创新性解决方案的方式。编程马拉松能够在广泛的兴趣领域展开，比如智慧城市或城市黑客攻击，或者关注更具体的主题，比如行人安全数据分析。编程马拉松成本低、易运行。它们涉及对编程马拉松所探索的主题充满热情并能贡献技能的地方社区，这些技能通常横跨编码、工程和设计。所以它们是一个很好的模型。

编程马拉松研发的解决方案通常不易实现，但是编程马拉松是在低风险环境中快速探索设计空间的好方法。从编程马拉松中得出的原型也可以用来从利益相关者那里获得收购以及进一步支持的资金。然而，考虑如何处理知识产权很重要，如果黑客马拉松的参与者提出的解决方案进入设计过程中的下一步，他们需要得到适当的承认和恰当的报酬。编程马拉松有一些背后组织为该团队提供支持，让他们参与加速项目，并通过其他途径获得投资，从而将他们的设想转化为商业产品。

超越城市应用

本书专注于城市应用程序的设计，将其作为人与智慧城市之间的人性化界面。这一领域正在迅速发展，城市应用程序只是智慧城市的冰山一角。随着这一领域的成熟，设计师将有必要去了解和探索智慧城市的各个方面。本节讨论设计在城市更加宜居的新兴领域中的作用。

隐形的智慧城市

阿姆斯特丹经常被认为是智慧城市成功的典范之一。然而，访问这座城市的人通常会说，这座城市看起来一点都不像智慧城市。这里没有明显的技术：没有配备可以和居住者谈论健康状况的装备了传感器的公园长椅，没有覆盖在高层建筑外的巨大数字屏幕。像阿姆斯特丹这样的城市是生活的好地方，因为他们使用不碍事的技术来支持人们的生活和他们的需求。一个伟大的智慧城市是一个懂得如何解决痛点、如何带来更好生活质量的城市。一个成功的智慧城市并不一定要涉及显而易见的新数字技术。

智慧城市的许多数字基础设施和服务都是隐形的。这包括传感器网络、城市数据流的后端可视化用以告知规划过程、服务的协调等。尽管智慧城市基础设施与生活或工作在城市中的人们之间没有界面接口，但其设计和部署应遵循本书所概述的以人为本的设计原则。一个隐形智慧城市的基础设施仍然需要满足市民的需求。后端数据可视化仍然由工作人员操作，他们做出决策或告知最终影响居民日常生活和互动的规划过程。操作人员能够完成的工作和他们能够提供的服务在很大程度上取决于后端界面接口的设计。

随着城市数字化及其基础设施建设的不断发展，在这些系统的实现过程中引入设计思维和用户体验设计师将变得越来越重要。体验设计在消费类产品中的作用源于技术的进步，用以支持人们每天工作中涉及的与技术有关的数字互动。这个行业的体验设计不再局限于客户与产品或服务之间的界面。业界已经开始意识到员工的体验与客户的体验直接相关,企业软件应用程序的后端界面需要以同样的思维方式设计。[268] 同样,智慧城市的体验设计也超越了城市应用作为其人性化界面的范畴,并且涉及智慧城市解决方案的各个方面,无论是有形的还是无形的。

网络和数据收集

智慧城市的概念通常与物联网和大数据模式在同一情境下被提及。物联网思维通过将传感器和网络功能嵌入各类事务中来实现数据的收集。在城市环境中,这包括诸如公园长椅、垃圾箱、路灯杆等东西。这些支持传感器的对象随后能够连续地收集和记录数据,积累成大数据,然后这些大数据可以进一步处理用以监视城市环境或为规划过程中的决策提供信息。

虽然许多智慧城市项目都专注于部署传感器和收集数据,从而导致全球城市的大数据移动,但对于大数据的使用以及它们如何能带来更适宜居住的环境并不是很明确。[269] 数据管理和分析是复杂的,特别是在一个聚集不同来源的数据流的系统平台中。尽管如此,这些数据的可用性对城市的未来发展至关重要,因为它们有助于深入理解城市环境中的整体问题,并在特定情况下辨别问题。

成功的智慧城市解决方案已经在全球范围内部署,从停车传感器到智能垃圾桶。这种解决方案的推出需要考虑以人为本,而不仅是公民与支持物联网的城市对象(例如智能箱)之间的即时互动,还要考虑潜在的隐私影响。

自动化城市

智慧城市计划也与无人驾驶汽车和其他自动驾驶汽车的出现密切相关,这些汽车被设计出来用以在城市中运送人或物体。一方面,智慧城市基础设施有助于自动化系统的推广。例如,车辆和行人传感器可以增加通过集成到自动驾驶汽车上的传感器收集的数据,以确保其在城市中安全通行;或者,使用空气质量的数据来确定减少汽车对环境影响的导航路线。另一方面,自动系统的推出对智慧城市解决方案的人性化界面产生了影响,比如交通信号灯,在完全自动化的未来交通场景中可能不再需要了。[270]

城市的自动化可以追溯到自动化交通信号灯的出现,它取代了人工控制交叉口交通流量的操作。设计一个自动化城市并不意味着机器人汽车和其他车辆在其道路和空域漫游。城市本身可以被看作一个分布式机器人,而不是机器人代替以前由人来完成的工作，如机器人出租车或公共汽车司机。[271, 272] 城市的许多方面，从运送人或货物到清空垃圾箱，再到清理摩天大楼的外墙，都可以不用机器人代替人工，而是通过基础设施本身实现智能解决方案。

把城市的基础设施想象成一个机器人，将为智慧城市的创新提供新的机会。这种观点也有助于抵消围绕自动化的鼓励科技导向思维的风险。相反，无论是否实施自动化，自动化本身带来的机遇可以推动创造更宜居的城市。[273] 与此同时，在现有自动化服务中，不仅要考虑对人们现有体验的影响，还要考虑对建成环境的影响。例如，自动化服务（如购买公共交通车票）留下了未使用的、过时的基础设施（图 83）。

> "我们不需要自动车辆来让孩子们在足够安全的在街头玩耍，或消除 1960 年的交通工程，或从根本上减少汽车的数量以支持步行和骑自行车，或支持使用可再生能源的车辆安全、安静地运行。"
>
> ——丹·希尔，奥鲁普公司副董事[274]

图 83　在火车站部署售票机会带来一些附带后果，比如售票处不再需要时刻运行

自然与城市

随着越来越多的人移居城市，我们的星球面临着前所未有的快速城市化，我们须谨记，人类的生活依赖于现存的自然环境。互动式的城市应用程序可以帮助我们共享资源并作出更明智的决定，从而实现生活方式的可持续发展。例如，挪威的奥斯陆市使用气候指示板来使该城市更加环保。该指示板向公众开放，用来报告环境目标以及城市如何运行以实现这些目标。[275]

智慧城市解决方案帮助我们减少拥堵，不仅改善了人们的城市生活体验，而且有利于保护自然资源。在新的数字平台的推动下，城市中的人们已经开始共享他们的基础设施，比如汽车、住宿和自行车（图 84）。[276] 成功的智慧城市方案会在设计过程中以市民为中心，同时考虑到环境的可持续性，从考虑资源的使用到通过干预，以此来鼓励更多可持续发展的行为。

　　"一个可持续发展的社会是我们选择的积极结果，这使我们感到快乐，有更好的沟通，更愿意帮助别人。"

　　　　　　——安·莱特（Ann Light），诺森比亚（Northumbria）大学设计教授[277]

图 84　无站自行车共享系统的成功和失败案例阐明了本书中介绍的许多概念，从基于数字平台的构建（例如移动应用程序）到考虑本地环境以及为用户和非用户设计的概念

[图片：爱德华·布莱克（edwardhblake）flickr.com/photos/eblake/37046541102/]

未来之路

本书的观点建立在新兴技术以及新兴技术在城市环境使用的过程中带来的机会的基础上。城市因其设计环境的复杂性对新的数字体验的设计提出了新的挑战。解决城市所面临的挑战需要多学科的方法。本书提出的以人为本的设计方法为围绕人们的需求而不是单纯遵循技术趋势而创建智慧城市方案奠定了基础。设计实践和设计思维方式的运用不再局限于设计专业人员。随着设计从仅仅关注美学和视觉，转变为一种解决复杂问题的系统性方法，设计方法的使用可以横跨多种情境和学科。

随着技术的进步，本书提供的例子将被迅速取代。目前已经出现了一些基于智慧城市概念并扩展范围的新观点，例如使用数字媒体来营造场地。世界上有些城市已经实现了本书中讨论的一些应用程序的变体，而其他城市正在引领设计和部署有助于创建未来城市基础的新解决方案。[278, 279] 本书中提出的原则，是为了确保这些原则应用于设计公民基于技术的体验，而这些技术甚至可能还不存在。

除了城市，本书中介绍的一些概念也可以应用到其他的设计环境中。例如，ochiyoke 的概念——创建故障验证应用程序——在互动式城市应用程序中至关重要，也能改善使用软件或网络应用程序的体验。随着该领域的发展，人们将更多参与到跨越工作、家庭和城市环境边界的技术互动中。无人驾驶概念车已经有了类似桌面和移动应用程序的用户界面的指示板界面，同时通过投射到环境或挡风玻璃后面的显示器向行人展示信息。[280] 行人已经在使用多个城市的应用程序来导航街道，从移动寻路应用程序到行人交通灯。设计将着重于确保多个平台和情境的互动是有意义和指导性的，不管用户的情境是什么。尽管通过技术可以促进互动，但须谨记技术只是达到目的的一种手段。解决方案不应该从一项技术开始，而应该从对人和环境的深入了解开始。

正如英国建筑师和作家锡德里克·普赖斯（Cedric Price）所提议的，"技术是答案，但问题是什么？"[281] 在城市面临自动驾驶汽车和物联网设备形式的技术变革之前,上述评论似乎比以往任何时候都更有意义。丹·希尔提议抛开"重新定义对现代和未来城市的看法"这一问题,而通过"自动驾驶汽车"这一答案去提出问题——"我们希望街道变成什么样?" [282] 这一命题对于确保城市持续发展为适宜城市而不是被技术机遇所驱动至关重要。本书通过对城市互动应用的研究,为设计主导的城市创新提供了一个框架,希望能够为未来铺路。

参考文献

[1] Shepard, M. & Simeti, A. (2013) . What's So Smart about the Smart Citizen? In Hemment, D. & Townsend, A. (Eds.), Smart Citizens, pp. 13–18. FutureEverything Publications. Retrieved from http：//futureeverything.org/wp-content/ uploads/2014/03/smartcitizens1.pdf.

[2] Kuniavsky, M. (2010) . Smart Things：Ubiquitous Computing User Experience Design. Elsevier.

[3] Shepard & Simeti, 2013, p. 13.

[4] IBM Corporation (2014) . IBM Smarter Cities：Creating Opportunities through Leadership and Innovation. Retrieved from ftp：//ftp.software.ibm.com/software/in/ downloads/pdf/GVB03014USEN.pdf.

[5] Parker, C. (2017) . Augmenting Public Spaces with Virtual Content. In Hespanhol, L., Haeusler, M. H., Tomitsch, M., & Tscherteu, G. (Eds.), Media Architecture Compendium：Digital Placemaking, pp. 133–136. Avedition, p. 134.

[6] Hespanhol, L., Haeusler, M. H., Tomitsch, M., & Tscherteu, G. (2017) . Media Architecture Compendium：Digital Placemaking. Avedition.

[7] Ferguson, R. B. (29 October 2013) . Smart Cities and Economic Development：What to Consider. MITSloan Management Review. Retrieved from http：//sloanreview. mit.edu/article/smart-cities-and-economic-development-what-to-consider/.

[8] Dirks, S., Gurdgiev, C., & Keeling, M. (2010) . Smarter Cities for Smarter Growth：How Cities Can Optimize Their Systems for the Talent-Based Economy. IBM Institute for Business Value, p. 8. Retrieved from https：//www.ibm.com/common/ssi/cgi-bin/ ssialias?htmlfid=GBE03348USEN.

[9] Kitchin, R., Lauriault, T. P., & McArdle, G. (2015) . Knowing and Governing Cities through Urban Indicators, City Benchmarking and Real-Time Dashboards. Regional Studies, Regional Science (vol. 2, no. 1, pp. 6–28) .

[10] Mattern, S. (March 2015) . Mission Control：A History of the Urban Dashboard. Places. Retrieved from https：//placesjournal.org/article/mission-control-a-history- of-the-urbandashboard/.

[11] Hemment, D. & Townsend, A. (2013). Here Come the Smart Citizens. In Hemment, D. & Townsend, A. (Eds.), Smart Citizens(pp. 1–4). FutureEverything Publications, p. 1.

[12] Hill, D. (1 February 2013). On the Smart City; Or, a 'Manifesto' for Smart Citizens Instead. Retrieved from http：//www.cityofsound.com/blog/2013/02/on-the-smart-city-a-call-for-smart-citizens-instead.html.

[13] Townsend, A. M. (2013). Smart Cities：Big Data, Civic Hackers, and the Quest for a New Utopia. WW Norton & Company.

[14] Greenfield, A. (2013). Against the Smart City. Do Publications.

[15] Hemment, D. & Townsend, A. (Eds.). (2013). Smart Citizens. FutureEverything Publications.

[16] IBM Corporation, 2014.

[17] Rittel, H.W. & Webber, M. M. (1973). Dilemmas in a General Theory of Planning. Policy Sciences(vol. 4, no. 2, pp. 155-169).

[18] Foth, M. (11 July 2014). Smart Cities：A Key to Urban Liveability or yet Another Tech Fad? Keynote presentation at 7th Making Cities Liveable Conference, Kingscliff, New South Wales, Australia.

[19] Knowledge@Wharton (7 July 2017). Why Smart Cities Have to Be Happy Ones, Too. Knowledge@Wharton. Retrieved 23 October 2017 at http：//knowledge.wharton. upenn.edu/article/smart-cities-need-happy-ones/.

[20] Zeibots, M. (15 September 2013). Digital Information and Customer Service in Public Transport：The Service Quality Loop. Retrieved from http：// responsivetransport.org/wp/?p=85.

[21] Foth, 2014.

[22] Hill, D. (17 March 2015). Why Our New Urban Innovation Centre is a Step towards Building Better Cities. The Guardian. Retrieved from http：//www.theguardian.com/ cities/2015/mar/17/urban-innovation-centre-future-cities-catapult-dan-hill-vince-cable.

[23] Code for America. About Us. Retrieved 2 November 2017 from https：//www. codeforamerica.org/about-us.

[24] Rahman, M., Wirasinghe, S. C., & Kattan, L. (2012). Users' Views on Current and Future Real-Time Bus Information Systems. Journal of Advanced Transportation(vol. 47, no. 3, pp. 336-354).

[25] Townsend, 2013.

[26] Krishna, G. (2015). The Best Interface Is No Interface. New Riders.

[27] Norman, D. A. (2004). Emotional Design：Why We Love (or Hate) Everyday Things. Basic Civitas Books.

[28] Chisnell, D. (16 June 2010). Beyond Frustration：Three Levels of Happy Design. UX Magazine. Retrieved from http：//uxmag.com/articles/beyond-frustration-three-levels-of-happy-design.

[29] Nielsen, J. & Norman, D. The Definition of User Experience (UX). Nielsen Norman Group. Retrieved 15 August 2017 from http：//www.nngroup.com/articles/definition-user-experience/.

[30] Hanna, P. (23 September 2002) . From Satisfaction to Delight. Boxes and Arrows. Retrieved from http：//boxesandarrows.com/from-satisfaction-to-delight/.

[31] Bradley, S. (26 April 2010) . Designing For a Hierarchy of Needs. Smashing Magazine. Retrieved from https：//www.smashingmagazine.com/2010/04/designing-for-a-hierarchy-of-needs/.

[32] Hassenzahl, M. & Tractinsky, N. (2006) . User Experience：A Research Agenda. Behaviour & Information Technology, (vol. 25, no. 2, pp. 91-97) .

[33] Baekdal, T. (19 June 2006) . The Battle between Usability and User Experience. Baekdal/Plus. Retrieved from http：//www.baekdal.com/insights/usabilty-vs-user-experience-battle.

[34] Baekdal, 2006.

[35] Hassenzahl, M. (2014) . User Experience and Experience Design. In Soegaard, M. & Dam, R. F. (Eds.), The Encyclopedia of Human-Computer Interaction (2nd ed.) . The Interaction Design Foundation. Retrieved from https：//www.interaction-design. org/encyclopedia/user_experience_and_experience_design.html.

[36] de Waal, M. (2014) . The City as Interface：How New Media Are Changing the City. Reflect no. 10. Nai010 Publishers, p. 63.

[37] de Waal, 2014, p. 63.

[38] de Waal, 2014, p. 62.

[39] Zmijewski, B. User Experience Design Does Not Exist. Zurb. Retrieved 15 August 2017 from http：//zurb.com/article/155/user-experience-design-does-not-exist.

[40] de Waal, 2014, p. 92.

[41] Matsuda, K. (2010) . Domesti/city：The Dislocated Home in Augmented Space. MArch thesis, Bartlett School of Architecture, University College London.

[42] de Waal, 2014, p. 77.

[43] de Waal, 2014, p. 93.

[44] World Bank Data. Retrieved 15 August 2017 from http：//data.worldbank.org/topic/urban-development.

[45] Duany, A. & Plater-Zyberk, E. (1992) . The Second Coming of the American Small Town. Wilson Quarterly (vol. 16, no. 1, pp. 3-51) .

[46] Zuckerman, E. (12 May 2011) . Desperately Seeking Serendipity. Keynote speech at CHI 2011, Vancouver, Canada. Retrieved from http：//www.ethanzuckerman.com/blog/2011/05/12/chi-keynote-desperately-seeking-serendipity/.

[47] IBM Corporation, 2014.

[48] Zuckerman, 2011.

[49] Zuckerman, 2011.

[50] McArthur, I. & Tomitsch, M. (2016) . Diagnostic Design：A Framework for Activating Civic Participation through Urban Media. Journal of Design, Business & Society (vol. 2, no. 2, pp. 163-181) .

[51] Dowling, J. & Lahey, K. (16 March 2009) . Doyle Calls for Council to Take on

Docklands. Sydney Morning Herald. Retrieved from http：//www.smh.com.au/national/doyle-call-for-council-to-take-on-docklands-20090315-8yyr.html.

[52] Kolczak, A.（28 February 2017）. How One of the World' s Densest Cities Has Gone Green. National Geographic. Retrieved from https：//www.nationalgeographic.com/environment/urban-expeditions/green-buildings/green-urban-landscape-cities-Singapore/.

[53] Matsuda, 2010.

[54] Whyte, W. H.（1980）. The Social Life of Small Urban Spaces. The Conservation Foundation.

[55] Lofland, L. H.（1998）. The Public Realm：Exploring the City's Quintessential Social Territory. Aldine de Gruyter, p. 14.

[56] de Waal, 2014, p. 15.

[57] de Waal, 2014, p. 77.

[58] Ito, M.（2004）. Personal Portable Pedestrian：Lessons from Japanese Mobile Phone Use. Paper presented at the 2004 International Conference on Mobile Communication, Seoul, South Korea. Retrieved from http：//www.itofisher.com/mito/archives/ito.ppp.pdf.

[59] de Waal, 2014, p. 91.

[60] de Waal, 2014, p. 92.

[61] Greenfield, A. & Shepard, M.（2007）. Urban Computing and Its Discontents. The Architectural League of New York, p. 39.

[62] Friedmann, J.（2010）. Place and Place-Making in Cities：A Global Perspective. Planning Theory & Practice（vol. 11, no. 2, pp. 149-165）.

[63] Friedmann, 2010.

[64] Friedmann, 2010.

[65] Project For Public Spaces（31 December 2009）. What is Placemaking? Project for Public Spaces. Retrieved from https：//www.pps.org/reference/what_is_placemaking/.

[66] Aravot, I.（2002）. Back to Phenomenological Placemaking. Journal of Urban Design（vol. 7, no. 2, pp. 201-212）, p. 202.

[67] Tomitsch, M. & Haeusler, M. H.（2015）. Infostructures：Towards a Complementary Approach for Solving Urban Challenges through Digital Technologies. Journal of Urban Technology（vol. 22, no. 3, pp. 37-53）.

[68] Ramus, B.（9 May 2016）. Presentation at the University of Sydney School of Architecture, Design and Planning, Sydney, Australia.

[69] Maeda, J.（15 March 2015）. Design in Tech Report 2015. Presentation at South by Southwest（SXSW）, Austin, Texas, US. Retrieved from http：//www.kpcb.com/blog/design-in-tech-report-2015.

[70] Nielsen, J.（3 December 2012）. Intranet Users Stuck at Low Productivity. Nielsen Norman Group. Retrieved from http：//www.nngroup.com/articles/intranet-users-stuck-low-productivity/.

[71] Hartley, L. (7 July 2015) . Places for People, by People: How to Do It. Keynote presentation at 8th Making Cities Liveable Conference, Melbourne, Australia.

[72] Floyd, C., Mehl, W. M., Reisin, F. M., Schmidt, G., & Wolf, G. (1989) . Out of Scandinavia: Alternative Approaches to Software Design and System Development. Human–Computer Interaction (vol. 4, no. 4, pp. 253–350) .

[73] Wolcott, H. F. (2005) . The Art of Fieldwork. Rowman Altamira.

[74] Gage, M. & Kolari, P. (11 March 2002) . Making Emotional Connections Through Participatory Design. Boxes and Arrows. Retrieved from http: //boxesandarrows.com/making–emotional–connections–through–participatory–design/.

[75] Lewin, K. (1946) . Action Research and Minority Problems. Journal of Social Issues (vol. 2, no. 4, pp. 34–46), p.38.

[76] Paulo, F. (1970) . Pedagogy of the Oppressed. Herder & Herder.

[77] Cross, N. (2011) . Design Thinking: Understanding How Designers Think and Work. Berg.

[78] Simon, H. A. (1996) . The Sciences of the Artificial. MIT Press (3rd edition) .

[79] Ratcliffe, J. (1 August 2009) . Steps in a Design Thinking Process. The K12 Lab Wiki. Retrieved from https: //dschool–old.stanford.edu/groups/k12/wiki/17cff/Steps_in_a_Design_Thinking_Process.html.

[80] Verplank, B. (2009) . Interaction Design Sketchbook: Frameworks for Designing Interactive Products and Systems. Retrieved from http: //www.billverplank.com/IxDSketchBook.pdf.

[81] Matias, J. N. (9 March 2012) . How Designers Can Imagine Innovative Technologies for News. MediaShift. Retrieved from http: //mediashift.org/idealab/2012/03/how–designers–can–imagine–innovative–technologies–for–news068/.

[82] Resnick, M. (June 2007) . All I Really Need to Know (about Creative Thinking) I Learned (by Studying How Children Learn) in Kindergarten. In Proceedings of the 6th ACM SIGCHI Conference on Creativity & Cognition (pp. 1–6) . ACM.

[83] Matias, 2012.

[84] Zimmerman, J., Forlizzi, J., & Evenson, S. (April 2007) . Research through Design as a Method for Interaction Design Research in HCI. In Proceedings of the SIGCHI Conference on Human Factors in Computing Systems (pp. 493–502) . ACM.

[85] Easterday, M. W., Rees Lewis, D., & Gerber, E. M. (June 2014) . Design–Based Research Process: Problems, Phases, and Applications. In Proceedings of International Conference of Learning Sciences (vol. 1, pp. 317–324) . International Society of Learning Sciences.

[86] Gaver, W. W., Bowers, J., Boucher, A., Gellerson, H., Pennington, S., Schmidt, A., Steed, A., Villars, N., & Walker, B. (April 2004) . The Drift Table: Designing for Ludic Engagement. In CHI '04 extended abstracts on Human Factors in Computing Systems (pp. 885–900) . ACM.

[87] Stickdorn, M., Schneider, J., Andrews, K., & Lawrence, A. (2011) . This Is Service

Design Thinking: Basics, Tools, Cases. Wiley.

[88] Shostack, G. L. (1982). How to Design a Service. European Journal of Marketing (vol. 16, no. 1, pp. 49–63) .

[89] Stickdorn, Schneider, Andrews, & Lawrence, 2011.

[90] Smith, J. (2011) . Solving Problems: What You Need to Know: Definitions, Best Practices, Benefits and Practical Solutions. Tebbo.

[91] Checkland, P. & Poulter, J. (2010) . Soft Systems Methodology. In Reynolds, M. & Holwell, S. (Eds.), Systems Approaches to Managing Change: A Practical Guide (pp. 191–242) . Springer London.

[92] Dirks, Gurdgiev & Keeling, 2010, p. 14.

[93] Houghton, K., Foth, M., & Miller, E. (2015) . Urban acupuncture: Hybrid social and technological practices for hyperlocal placemaking. Journal of Urban Technology (vol. 22, no. 3, pp. 3–19) .

[94] Tomitsch & Haeusler, 2015.

[95] Gardner, N., Haeusler, H., & Tomitsch, M. (2010) . Infostructure: A Transport Research Project. Freerange Press.

[96] Tomitsch & Haeusler, 2015.

[97] Rogers, R. (1998) . Cities for a Small Planet. Basic Books, p. 31.

[98] Gandy, M. (2004) . Rethinking Urban Metabolism: Water, Space and the Modern City. City (vol. 8, no. 3, pp. 363–379) .

[99] Future Cities Laboratory (FCL) . Our Vision. Retrieved 16 August 2017 from http: // www.fcl.ethz.ch/about–us/vision.html.

[100] Fisher, M. Urban Design and Permaculture. Self–Willed Land. Retrieved 15 August 2017 from http: //www.self–willed–land.org.uk/permaculture/urban_design.htm.

[101] Woods Bagot (2012) . SICEEP Urban Design and Public Realm Guidelines. Retrieved from http: //insw.com/media/23631/130318_urban–design–public–realm–guidelines_lowres.pdf

[102] Ratcliffe, 2009.

[103] van Beurden, H. (2011) . Smart Cities Dynamics: Inspiring Views from Experts Across Europe. HvB Communicative, p. 12.

[104] Savio, N. & Braiterman, J. (June 2007) . Design Sketch: The Context of Mobile Interaction. In Proceedings of the 9th international conference on Human computer interaction with mobile devices and services (pp. 284–286) . ACM.

[105] Gehl Architects. Making Cities for People. Retrieved 28 October 2017 from http: // gehlpeople.com/approach/.

[106] Shiomi, M., Sakamoto, D., Kanda, T., Ishi, C. T., Ishiguro, H., & Hagita, N. (March 2008) . A Semi–Autonomous Communication Robot—A Field Trial at a Train Station. In Human–Robot Interaction (HRI), 2008 3rd ACM/IEEE International Conference on Human Robot Interaction (pp. 303–310) . IEEE.

[107] Meyer, D. (10 July 2010) . How one European smart city is giving power back to its

citizens. Alphr. Retrieved from http：//www.alphr.com/technology/1006261/how-one-european-smart-city-is-giving-power-back-to-its-citizens.

[108] IDEO. Design Kit：The Human-Centered Design Toolkit. Retrieved 3 September 2017 from https：//www.ideo.com/post/design-kit.

[109] Nuseibeh, B. & Easterbrook, S. (May 2000). Requirements Engineering：A Roadmap. In Proceedings of the Conference on the Future of Software Engineering (pp. 35-46). ACM, p. 37.

[110] IBM Corporation, 2014.

[111] IBM Corporation, 2014.

[112] Johnson, B. D. (2011). Science Fiction Prototyping：Designing the Future with Science Fiction. Morgan & Claypool Publishers.

[113] Hillier, B. & Hanson, J. (1989). The Social Logic of Space. Cambridge University Press.

[114] Jiang, B. & Claramunt, C. (2002). Integration of Space Syntax into GIS：New Perspectives for Urban Morphology. Transactions in GIS (vol. 6, no. 33, pp. 295-309).

[115] Bødker, S. (October 2006). When Second Wave HCI Meets Third Wave Challenges. In Proceedings of the 4th Nordic Conference on Human-Computer Interaction：Changing Roles (pp. 1-8). ACM.

[116] Beyer, H. & Holtzblatt, K. (1997). Contextual Design：Defining Customer-Centered Systems. Morgan Kaufmann.

[117] Tomitsch, M., Ackad, C., Dawson, O., Hespanhol, L., & Kay, J. (June 2014). Who Cares about the Content? An Analysis of Playful Behaviour at a Public Display. In Proceedings of The International Symposium on Pervasive Displays (p. 160). ACM.

[118] Agnew, J. (1987). Place and Politics：The Geographical Mediation of State and Society. Routledge, p. 3.

[119] Tuan, Y. (1980). Landscapes of Fear. Basil Blackwell.

[120] Petersen, M. G., Krogh, P. G., Ludvigsen, M., & Lykke-Olesen, A. (April 2005). Floor Interaction HCI Reaching New Ground. In extended abstracts on Human Factors in Computing Systems (pp. 1717-1720). ACM.

[121] Agnew, 1987.

[122] Maudlin, D. (2014). Consuming Architecture：On the Occupation, Appropriation and Interpretation of Buildings. Routledge.

[123] Baumers, S. & Heylighen, A. (2010). Harnessing Different Dimensions of Space：The Built Environment in Auti-biographies. In Langdon, P., Clarkson, P. J., & Robinson, P. (Eds.) Designing Inclusive Interactions (pp. 13-23). Springer London.

[124] Barrie, T. (2013). The Sacred In-between：The Mediating Roles of Architecture. Routledge.

[125] Tscherteu, G. & Tomitsch, M. (May 2011). Designing Urban Media Environments as Cultural Spaces. Presented at the Workshop on Large Urban Displays in Public Life

held at the SIGCHI conference on Human Factors in Computing Systems（CHI'11）. Retrieved from http：//largedisplaysinurbanlife.cpsc.ucalgary.ca/PDF/tscherteu_final. pdf.

[126] Tscherteu & Tomitsch, 2011.

[127] McCabe, A., Space vs Place：Defining the Difference. PlacePartners. Retrieved 3 September 2017 from http：//placep.he178.vps.webenabled.net/blog/space-vs-place-defining-difference.

[128] FluidSurveys.（6 January 2014）. Solving the Mystery of the 'Survey Questionnaire.' FluidSurveys. Retrieved from http：//fluidsurveys.com/university/solving-mystery-survey-questionnaire/.

[129] Müller, H., Sedley, A., & Ferrall-Nunge, E.（2014）. Survey Research in HCI. In Olson, J. S. & Kellogg, W. A.（Eds.）Ways of Knowing in HCI（pp. 229-266）. Springer New York.

[130] Paulos, E. & Jenkins, T.（April 2005）. Urban Probes：Encountering Our Emerging Urban Atmospheres. In Proceedings of the SIGCHI conference on Human Factors in Computing Systems（pp. 341-350）. ACM.

[131] Gaver, B., Dunne, T., & Pacenti, E.（1999）. Design：Cultural Probes. Interactions,（vol. 6, no.1, pp. 21-29）.

[132] Paulos & Jenkins, 2005.

[133] Paulos & Jenkins, 2005.

[134] The Vox Pop. DW-Akademie. Retrieved 2 November 2017 from http：//www.dw.com/downloads/26027346/the-vox-pop.pdf.

[135] Beyer & Holtzblatt, 1997.

[136] Whyte, 1980.

[137] Lazar, J., Feng, J. H., & Hochheiser, H.（2017）. Research Methods in Human-Computer Interaction. Morgan Kaufmann, p. 35.

[138] Maher, M. L., Grace, K., & Gonzalez, B. A Design Studio Course for Gesture Aware Design of Tangible Interaction. Retrieved 30 October 2017 from http：//cei.uncc.edu/sites/default/files/CEI%20Tech%20Report%202.pdf.

[139] Hanington, B. & Martin, B.（2012）. Universal Methods of Design：100 Ways to Research Complex Problems, Develop Innovative Ideas, and Design Effective Solutions. Rockport Publishers, p. 40.

[140] Beyer & Holtzblatt, 1997.

[141] Cooper, A.（2004）. The Inmates Are Running the Asylum. Sams.

[142] Burgoyne, S. & Maalsen, S.（2017）. Retrieved 2 November 2017 from https：//assets.ussc.edu.au/view/e5/3f/69/53/58/d1/93/83/e5/d8/aa/c9/ab/8a/af/75/original/959a3d253927020b0ed1a1bd671e65306f29b4f4/2017_How-smart-are-Australian-cities.pdf.

[143] Graham, D. & Bachmann, T. T.（2004）. Ideation：The Birth and Death of Ideas. John Wiley & Sons.

[144] Graham & Bachmann, 2004.

[145] Paulos & Jenkins, 2005.

[146] Hutchinson, H., Mackay, W., Westerlund, B., Bederson, B. B., Druin, A., Plaisant, C., Beaudouin-Lafon, M., Conversy, S., Evans, H., Hansen, H., Roussel, N., & Eiderbäck, B. (April 2003) . Technology Probes: Inspiring Design for and with Families. In Proceedings of the SIGCHI Conference on Human Factors in Computing Systems (pp. 17-24) . ACM.

[147] Satchell, C. & Dourish, P. (November 2009) . Beyond the User: Use and Non-use in HCI. In Proceedings of the 21st Annual Conference of the Australian Computer-Human Interaction Special Interest Group: Design: Open 24/7 (pp. 9-16) . ACM.

[148] Tomitsch, M., Schlögl, R., Grechenig, T., Wimmer, C., & Költringer, T. (October 2008) . Accessible Real-World Tagging through Audio-Tactile Location Markers. In Proceedings of the 5th Nordic Conference on Human-Computer Interaction: Building Bridges (pp. 551-554) . ACM.

[149] Townsend, 2013.

[150] Buxton, B. (2007) . Sketching User Experiences: Getting the Design Right and the Right Design. Morgan Kaufmann.

[151] Gedenryd, H. (1998) . How Designers Work: Making Sense of Authentic Cognitive Activities. Lund University Cognitive Studies (Vol. 75) . Cognitive Science.

[152] Gaver, W. W., Beaver, J., & Benford, S. (April 2003) . Ambiguity as a Resource for Design. In Proceedings of the SIGCHI Conference on Human Factors in Computing Systems (pp. 233-240) . ACM.

[153] Buxton, 2007, p. 115.

[154] Buxton, 2007, p. 115.

[155] Pacey, A. (2007) . Medieval Architectural Drawing: English Craftsmen' s Methods and Their Later Persistence. Tempus Publishing.

[156] Buxton, 2007, p. 114.

[157] Schön, D. A. (1984) . The Reflective Practitioner: How Professionals Think in Action. Basic Books, p. 79.

[158] Simon, 1996, p. 163.

[159] Schön, D. A. (1992) . Designing as Reflective Conversation with the Materials of a Design Situation. Knowledge-Based Systems (vol. 5, no. 1, pp. 3-14), p. 131.

[160] Buxton, 2007, p. 113.

[161] Vande Moere, A. & Hill, D. (December 2009) . Research through Design in the Context of Teaching Urban Computing. Presented at the Street Computing Workshop held at the the Australian Computer-Human Interaction Conference (OzCHI '09), Melbourne, Victoria, Australia. Retrieved from http: //infoscape.org/publications/ozchi09.pdf.

[162] Sterling, B. (2009) . COVER STORY: Design fiction. Interactions, (vol. 16, no. 3. May-June) .

[163] Vande Moere & Hill, 2009.

[164] Johnson, 2011.

[165] Johnson, 2011.

[166] Johnson, 2011, p. 3.

[167] Norman, D. (1990) . The Design of Everyday Things. Doubleday/Currency, pp. 24–26, 99.

[168] Chahine, T. & Tomitsch, M. (2013) . What The Bus and Why Should I Bother: Designing for User Participation in a Public Transport Information System. Presented at the Digital Cities 8 Workshop held at the International Communities & Technologies Conference (C&T' 13), Munich, Germany. Retrieved from http: // responsivetransport.org/wp/wp–content/uploads/2014/02/What–the–bus–and–why–should–I–bother.pdf.

[169] Parker, C., Fredericks, J., Tomitsch, M., & Yoo, S. (July 2017) . Towards Adaptive Height–Aware Public Interactive Displays. In Adjunct Publication of the 25th Conference on User Modeling, Adaptation and Personalization (pp. 257–260) . ACM.

[170] Behrens, M., Valkanova, N., & Brumby, D. P. (June 2014,) . Smart Citizen Sentiment Dashboard: A Case Study into Media Architectural Interfaces. In Proceedings of the International Symposium on Pervasive Displays (p. 19) . ACM.

[171] Löwgren, J. & Laurén, U. (1993) . Supporting the Use of Guidelines and Style Guides in Professional User Interface Design. Interacting with Computers (vol. 5, no. 4, pp. 385–396) .

[172] Norman, 1990, p. 9.

[173] Nielsen, J. (June 1992) . Finding Usability Problems through Heuristic Evaluation. In Proceedings of the SIGCHI Conference on Human Factors in Computing Systems (pp. 373–380) . ACM.

[174] Rogers, Y., Sharp, H., & Preece, J. (2011) . Interaction Design: Beyond Human–Computer Interaction. John Wiley & Sons.

[175] Rodden, T., Cheverst, K., Davies, K., & Dix, A. (May 1998) . Exploiting Context in HCI Design for Mobile Systems. Presented at the First Workshop on Human–Computer Interaction with Mobile Devices, Glasgow, UK. Retrieved from http: // alandix.com/academic/papers/exploting–context–1998/rodden98exploiting.pdf.

[176] Ishii, H., & Ullmer, B. (March 1997) . Tangible Bits: Towards Seamless Interfaces between People, Bits and Atoms. In Proceedings of the ACM SIGCHI Conference on Human Factors in Computing Systems (pp. 234–241) . ACM.

[177] Crampton Smith, G. (1995). The hand that rocks the cradle. ID magazine (May–June 1995, pp. 60–65) .

[178] Hassenzahl, 2014.

[179] Norman, D. (2002) . Emotion & Design: Attractive Things Work Better. Interactions (vol. 9, no. 4, pp. 36–42) .

[180] Wiberg, M., Ishii, H., Dourish, P., Vallgårda, A., Kerridge, T., Sundström, P., Rosner, D., & Rolston, M. (2013). Materiality Matters—Experience Materials. Interactions (vol. 20, no. 2, pp. 54–57).

[181] Norman, 2004.

[182] Norman, 2004.

[183] Müller, J., Wilmsmann, D., Exeler, J., Buzeck, M., Schmidt, A., Jay, T., & Krüger, A. (2009). Display Blindness: The Effect of Expectations on Attention towards Digital Signage. In Proceedings of the International Conference on Pervasive Computing (pp. 1–8). Springer.

[184] Kukka, H., Oja, H., Kostakos, V., Gonçalves, J., & Ojala, T. (April 2013). What Makes You Click: Exploring Visual Signals to Entice Interaction on Public Displays. In Proceedings of the SIGCHI Conference on Human Factors in Computing Systems (pp. 1699–1708). ACM.

[185] Vande Moere, A., Tomitsch, M., Hoinkis, M., Trefz, E., Johansen, S., & Jones, A. (September 2011). Comparative Feedback in the Street: Exposing Residential Energy Consumption on House Façades. In IFIP Conference on Human–Computer Interaction (pp. 470–488). Springer, Berlin, Heidelberg.

[186] Kostakos, V. & Ojala, T. (2013). Public Displays Invade Urban Spaces. IEEE Pervasive Computing, (vol. 12, no. 1, pp. 8–13).

[187] Foth, M., Fischer, F., & Satchell, C. (2013). From Movie Screens to Moving Screens: Mapping Qualities of New Urban Interactions. In MediaCity: International Conference, Workshops and Exhibition Proceedings (pp. 194–204). University at Buffalo, The State University of New York.

[188] PQ Media's Consumer Exposure to Digital Out-of-Home Media Worldwide 2014. (2014). PQ Media. Retrieved from http://www.pqmedia.com/consumerdoohmediaexposure-2014.html.

[189] Foth, Fischer, & Satchell, 2013, p. 195.

[190] Tomitsch, M., McArthur, I., Haeusler, M. H., & Foth, M. (2015). The Role of Digital Screens in Urban Life: New Opportunities for Placemaking. In Foth, M., Brynskov, M., & Ojala, T. (Eds.) Citizen's Right to the Digital City (pp. 37–54). Springer.

[191] Haeusler, M. H., Tomitsch, M., & Tscherteu, G. (2012). New Media Facades: A Global Survey. Avedition.

[192] Haeusler, M. (2009). Media Facades: History, Technology, Content. Avedition.

[193] Tscherteu & Tomitsch, 2011.

[194] Tscherteu & Tomitsch, 2011.

[195] McQuire, S., Martin, M., & Niederer, S. (Eds.). (2009). The Urban Screens Reader (Vol. 5). Institute of Network Cultures.

[196] Tscherteu & Tomitsch, 2011.

[197] Brand, S. (1994). How Buildings Learn: What Happens after They're Built. Viking.

[198] Kuniavsky, 2010.

[199] Kuniavsky, M. (18 January 2014) . "Finally! Someone made a meta-smart fridge platform to prototype all of that smart fridge idea. arxiv.org/abs/1401.0585" [Twitter post]. Retrieved from https://twitter.com/mikekuniavsky/status/424282211114704897.

[200] Sandholm, T., Lee, D., Tegelund, B., Han, S., Shin, B., & Kim, B. (2014) . Cloudfridge: A Testbed for Smart Fridge Interactions. arXiv.org (arXiv: 1401.0585) . Cornell University.

[201] Foth, M., Schroeter, R., & Anastasiu, I. (November 2011) . Fixing the City One Photo at a Time: Mobile Logging of Maintenance Requests. In Proceedings of the 23rd Australian Computer-Human Interaction Conference (pp. 126-129) . ACM.

[202] Kabir, N. (22 February 2013) . Could Smartphones Help Clear China's Congested Roads?. ChinaFile. Retrieved from http://www.chinafile.com/reporting-opinion/environment/could-smartphones-help-clear-chinas-congested-roads.

[203] Eames Office. The Details are not the Details. Retrieved 28 October 2018 from http://www.eamesoffice.com/blog/the-details-are-not-the-details/.

[204] Giannetti, C. (2004) . Ästhetik des Digitalen: Ein intermediärer Beitrag zu Wissenschaft, Medien-und Kunstsystem. Springer.

[205] Blackler, A. L. & Hurtienne, J. (2007) . Towards a Unified View of Intuitive Interaction: Definitions, Models and Tools across the World. MMI-interaktiv (vol. 13, pp. 36-54), p. 37.

[206] Blackler & Hurtienne, 2007.

[207] Hurtienne, J., Weber, K., & Blessing, L. (2008) . Prior Experience and Intuitive Use: Image Schemas in User Centred Design. In Langdon P., Clarkson J., & Robinson P. (Eds.) Designing Inclusive Futures (107-116) . NEED PUBLISHER.

[208] Hurtienne, Weber, & Blessing, 2008.

[209] Blackler, A. L., Popovic, V., & Mahar, D. P. (2006) . Towards a Design Methodology for Applying Intuitive Interaction. In Proceedings of Design Research Society International Conference. IADE. Retrieved from http://unidcom.iade.pt/drs2006/wonderground/proceedings/fullpapers/DRS2006_0077.pdf, p. 9.

[210] Hespanhol, L. & Tomitsch, M. (2015) . Strategies for Intuitive Interaction in Public Urban Spaces. Interacting with Computers (vol. 27, no. 3, pp. 311-326) .

[211] Clarke, A.C. (1973) . The Failure of Imagination. Profiles of the Future: An Enquiry into the Limits of the Possible (1962, rev. 1973), pp. 14, 21, 36.

[212] Fredericks, J., Hespanhol, L., Parker, C., Zhou, D., & Tomitsch, M. (8 July 2017) . Blending Pop-up Urbanism and Participatory Technologies: Challenges and Opportunities for Inclusive City Making. City, Culture and Society. Published ahead of print at http://www.sciencedirect.com/science/article/pii/S1877916617301285.

[213] Fredericks, J. & Tomitsch, M. (2017) . Designing for Self-Representation: Selfies, Engagement and Situated Technologies. In Proceedings of the Australian Computer-Human Interaction Conference (OzCHI '17) . ACM.

[214] Vande Moere & Hill, 2009.

[215] Hall, E. T., Birdwhistell, R. L., Bock, B., Bohannan, P., Diebold Jr, A. R., Durbin, M., Edmonson, M. S., Fischer, J. L., Hymes, D., Kimball, S. T., La Barre, W., Lynch, F., S. J., McClellan, J. E., Marshall, D. S., Milner, G. B., Sarles, H. B., Trager, G. L., & Vayda, A. P. (1968). Proxemics [and comments and replies]. Current Anthropology (vol. 9, nos. 2/3, pp. 83–108).

[216] Marquardt, N. & Greenberg, S. (2012). Informing the Design of Proxemic Interactions. IEEE Pervasive Computing (vol. 11, no. 2, pp. 14–23).

[217] Maeda, J. (2006). The laws of simplicity. MIT press.

[218] de Saint-Exupéry, A. (1939). Wind, sand and stars (L. Galantière, Trans.). New York, NY: Reynal & Hitchcock.

[219] Keller, H. (31 July 2014). AD remembers the extraordinary work of Eliel and Eero Saarinen. Architectural Digest. Retrieved from https://www.architecturaldigest.com/story/saarinen-father-and-son.

[220] Lim, Y. K., Stolterman, E., & Tenenberg, J. (2008). The Anatomy of Prototypes: Prototypes as Filters, Prototypes as Manifestations of Design Ideas. ACM Transactions on Computer-Human Interaction (TOCHI)(vol. 15, no. 2, pp. 1–27).

[221] Warfel, T. Z. (2009). Prototyping: A Practitioner's Guide. Rosenfeld Media.

[222] Norman, 2013.

[223] Bayles, D. & Orland, T. (2001). Art & Fear: Observations on the Perils (and Rewards) of Artmaking. Image Continuum Press, p. 29.

[224] Bayles & Orland, 2001, p. 29.

[225] Salter, C. (1 May 2007). Failure doesn't suck. Fast Company. Retrieved from https://www.fastcompany.com/59549/failure-doesnt-suck.

[226] Tompson, T. & Tomitsch, M. (October 2014). Understanding Public Transport Design Constraints by Using Mock-ups in Stakeholder Conversations. In Proceedings of the 13th Participatory Design Conference: Short Papers, Industry Cases, Workshop Descriptions, Doctoral Consortium papers, and Keynote Abstracts (vol. 2, pp. 53–56). ACM.

[227] Markopoulos, P. (2016). Using Video for Early Interaction Design. In Markopoulos P., Martens J. B., Malins J., Coninx K., & Liapis A. (Eds.) Collaboration in Creative Design (pp. 271–293). Springer.

[228] Hoggenmüller, M. & Wiethoff, A. (June 2016). LightBricks: A Physical Prototyping Toolkit for Do-It-Yourself Media Architecture. In Proceedings of the 3rd Conference on Media Architecture Biennale (p. 8). ACM.

[229] Gehring, S., Hartz, E., Löchtefeld, M., & Krüger, A. (September 2013). The Media Façade Toolkit: Prototyping and Simulating Interaction with Media Façades. In Proceedings of the 2013 ACM International Joint Conference on Pervasive and Ubiquitous Computing (pp. 763–772). ACM.

[230] Winston, A. (2 June 2015). Prototypes Use Augmented Reality to Make Urban

Cycling Safer. Dezeen. Retrieved from https：//www.dezeen.com/2015/06/02/future-cities-catapult-prototype-designs-augmented-reality-urban-cycling-safer/.

[231] Dahlbäck, N., Jönsson, A., & Ahrenberg, L. (1993) . Wizard of Oz Studies—Why and How. Knowledge-Based Systems (vol. 6, no. 4, pp. 258-266) .

[232] Carter, S., Mankoff, J., Klemmer, S. R., & Matthews, T. (2008) . Exiting the Cleanroom：On Ecological Validity and Ubiquitous Computing. Human-Computer Interaction (vol. 23, no. 1, pp. 47-99) .

[233] Tompson & Tomitsch, 2014.

[234] Boer, L. & Donovan, J. (June 2012) . Provotypes for Participatory Innovation. In Proceedings of the Designing Interactive Systems Conference (pp. 388-397) . ACM.

[235] Boer & Donovan, 2012.

[236] Latour, B. (1986). Visualization and Cognition. Knowledge and Society (vol. 6, no. 1, pp. 1-40) .

[237] Tompson & Tomitsch, 2014.

[238] Tompson & Tomitsch, 2014.

[239] Mattern, 2015.

[240] Dix, A. (2003) . Human-Computer Interaction (3rd ed.) . Pearson.

[241] McCloud, S. (1993) . Understanding Comics：The Invisible Art. William Morrow Paperbacks.

[242] Johnson, B. (2008) . Cities, Systems of Innovation and Economic Development. Innovation (vol. 10, no. 2-3, pp. 146-155) .

[243] Smith, P. (29 September 2015) . Presentation at The Thriving Future of Places：Placemaking, Governance and the Future of Cities. The United States Studies Centre at The University of Sydney.

[244] Parker, Fredericks, Tomitsch, & Yoo, 2017.

[245] Tomitsch, Ackad, Dawson, Hespanhol, & Kay, 2014.

[246] Ackad, C., Tomitsch, M., & Kay, J. (May 2016) . Skeletons and Silhouettes：Comparing User Representations at a Gesture-Based Large Display. In Proceedings of the 2016 CHI Conference on Human Factors in Computing Systems (pp. 2343-2347) . ACM.

[247] Dix, 2003.

[248] Rogers, Sharp, & Preece, 2011.

[249] Kuznetsov, S. & Paulos, E. (August 2010) . Participatory Sensing in Public Spaces：Activating Urban Surfaces with Sensor Probes. In Proceedings of the 8th ACM Conference on Designing Interactive Systems (pp. 21-30) . ACM.

[250] Chahine & Tomitsch, 2013.

[251] Nielsen, J. & Landauer, T. K. (May 1993) . A Mathematical Model of the Finding of Usability Problems. In Proceedings of the INTERACT' 93 and CHI' 93 Conference on Human Factors in Computing Systems (pp. 206-213) . ACM.

[252] Sefelin, R., Tscheligi, M., & Giller, V. (2003) . Paper Prototyping—What is It Good

For?: A Comparison of Paper- and Computer-Based Low-Fidelity Prototyping. In CHI' 03 Extended Abstracts on Human Factors in Computing Systems (pp. 778-779) . ACM.

[253] Hespanhol, L., Tomitsch, M. (2017) . Power to the People: Hacking The City with Plug-In Interfaces for Community Engagement. Presented at the Digital Cities 9 Workshop, University of Limerick, Ireland.

[254] Davidoff, S., Lee, M., Dey, A., & Zimmerman, J. (2007) . Rapidly Exploring Application Design through Speed Dating. In Proceedings of UbiComp 2007: Ubiquitous Computing (pp. 429-446) . Springer.

[255] Hill, 2015.

[256] Tomitsch, M., Singh, N., & Javadian, G. (November 2010) . Using Diaries for Evaluating Interactive Products: The Relevance of Form and Context. In Proceedings of the 22nd Conference of the Computer-Human Interaction Special Interest Group of Australia on Computer-Human Interaction (pp. 204-207) . ACM.

[257] Chahine & Tomitsch, 2013.

[258] Beilharz, K. A., Vande Moere, A., Stiel, B., Calò, C. A., Tomitsch, M., & Lombard, A. (June 2010) . Expressive Wearable Sonification and Visualisation: Design and Evaluation of a Flexible Display. In Proceedings of the International Conference on New Interfaces for Musical Expression (pp. 323-326) . NIME.

[259] Townsend, A. (15 June 2017) . Smart cities: what do we need to know to plan and design them better? Medium. Retrieved from https: //medium.com/@anthonymobile/ smart-cities-what-do-we-need-to-know-to-plan-and-design-them-better-b6d05e736ea1.

[260] Sedley, A. & Mueller, H. (May 2012) . Understanding Change Aversion and How to Design for It. Presented at Service Design 2012, Melbourne, Australia.

[261] Hespanhol & Tomitsch, 2017.

[262] Aguilar, M. (23 June 2015) . Google Wants to Help Bring NYC' s New Public Wi-Fi Hotspots to Your City. Gizmodo. Retrieved from https: //gizmodo.com/google-gears-up-to-bring-nycs-new-public-wi-fi-hotspots-1713505394.

[263] Roosegaarde, D. (21 November 2014) . Keynote talk at the International Media Architecture Biennale 2014 (MAB' 14), Aarhus, Denmark.

[264] The Guardian (13 May 2015) . Vienna' s Gay, Straight and Lesbian Crossing Lights Show All Walks of Life. (2015, May 13) . The Guardian. Retrieved from http: //www. theguardian.com/world/2015/may/13/viennas-gay-straight-and-lesbian-crossing-lights-show-all-walks-of-life.

[265] Brand, 1994.

[266] Vande Moere, Tomitsch, Hoinkis, Trefz, Johansen, & Jones, 2011.

[267] Hespanhol, Haeusler, Tomitsch, & Tscherteu, 2017.

[268] Gibbard, D. Getting to the core: bi-direction channel banking. Zafin. Retrieved 7 November 2017 from http: //zafin.com/our-articles/getting-core-bi-direction-

channel-banking/.

[269] Hatch, D. (28 October 2016) . Yinchuan Offers Cautionary Tale on Big Data. Citiscope. Retrieved from http: //citiscope.org/citisignals/2016/yinchuan-offers-cautionary-tale-big-data.

[270] Tachet, R., Santi, P., Sobolevsky, S., Reyes-Castro, L. I., Frazzoli, E., Helbing, D., & Ratti, C. (2016) . Revisiting Street Intersections Using Slot-Based Systems. PloS One (vol. 11, no. 3, loc. e0149607) .

[271] Uncube. Uncanny Valley. Magazine No. 36. Retrieved 8 October 2017 from http: //www.uncubemagazine.com/sixcms/detail.php?id=15799831.

[272] Hill, D. (2015, December 10) . Robots May Force Us to Confront How We Treat the People that Currently Make Our Cities Tick. Dezeen. Retrieved from https: //www.dezeen.com/2015/12/10/dan-hill-opinion-robots-robotic-infrastructure-drones-driverless-buses-how-we-treat-the-people-make-our-cities-tick/.

[273] Hill, 2015.

[274] Hill, 2015.

[275] Moore, C. (10 July 2017) . Beneath the Futuristic Architecture, Oslo Really is as Smart as it Looks. Digital Trends. Retrieved from https: //www.digitaltrends.com/home/oslo-norway-smart-city-technology/.

[276] Malmborg, L., Light, A., Fitzpatrick, G., Bellotti, V., & Brereton, M. (April 2015) . Designing for Sharing in Local Communities. In Proceedings of the 33rd Annual ACM Conference Extended Abstracts on Human Factors in Computing Systems (pp. 2357-2360) . ACM.

[277] Light, A. (2014) . Foreword in Design for Sharing, Sustainable Society Network+. Retrieved from https: //designforsharingdotcom.files.wordpress.com/2014/09/design-for-sharing-webversion.pdf.

[278] Hespanhol, Haeusler, Tomitsch, & Tscherteu, 2017.

[279] Tomitsch, M. (2016) . Communities, Spectacles and Infrastructures: Three Approaches to Digital Placemaking. In Pop, S., Toft, T., Calvillo, N., & Wright, M. (Eds.) What Urban Media Art Can Do, Avedition.

[280] Kuang, C. (2 February 2016) . The Secret UX Issues That Will Make (Or Break) Self-Driving Cars. Fast Company. Retrieved from https: //www.fastcodesign.com/3054330/the-secret-ux-issues-that-will-make-or-break-autonomous-cars.

[281] Pierce, C. (2006) . Cedric Price: Doubt, Delight and Change. Journal of the Society of Architectural Historians (vol. 65, no. 2, pp. 285-287), p. 286.

[282] Hill, 2015.